天塌不下來

每個人、每個地區都受到當今世界兩個最大經濟體——美國和中國所發生的事件的潛在影響。作為這一領域最傑出的經濟學家，劉遵義適時貢獻這部專著，為兩國當前出現的爭端提供了細緻的分析、深刻的見解與甚有助益的建議。

—— Michael J. Boskin

史丹福大學 Tully M. Friedman 經濟學教授，白宮經濟顧問委員會前主席

所有想要知道中美貿易戰的真實面貌與未來可能動向的菁英人士，都會從劉遵義院士這本新著中得到他們急於想要知道的答案。這本書對中美貿易戰的結構性成因，貿易戰對中美兩大經濟體以及世界經濟的可能衝擊，以及突破中美零和遊戲陷阱的可能路徑，提供了最完整而即時的系統性分析。讀者將會被他精確的數據說服，為他精闢的見解而折服，也會感謝劉院士可以為我們撥雲見日，而不再被政治人物譁眾取寵的言辭與新聞媒體的偏頗報導所迷惑。

——朱雲漢

國立台灣大學政治學系教授，中央研究院院士

在當前東西方學術界中，沒有人能比劉教授對中美貿易戰有更深刻的分析與觀察。

——高希均

台灣遠見・天下文化事業群創辦人

在中美貿易戰萌發危機之際，劉遵義教授《天塌不下來》一書的出版是十分及時的。他以傑出的經濟學的修養與識見，為危機的化解提供了合理、合情、合勢的有力途徑。劉教授登高望遠，從世界經濟格局著眼，承認中美之間的競爭不可避免，而他正是從兩國的根本利益出發，指出世界二大經濟體完全可以從改善經濟合作入手，走上正和博弈、實現雙贏之路，並有助於世界的經濟秩序。劉教授此書是關切中美貿易戰的人不能不認真一讀的。

——金耀基

香港中文大學社會學系講座教授，香港中文大學前校長

中美關係是全球最重要的雙邊關係，兩國貿易戰爭代表全球第一、第二大經濟體的全方位競爭。前線打的是經貿，背後牽涉的是科技技術、意識形態和環球領導格局的較量，這將是一場長期的鬥爭。劉遵義教授這本《天塌不下來》提供微觀和宏觀的數據，深厚而清晰的立論與闡釋，讓我們深入瞭解兩個大國的「新常態」發展，以及如何影響全球政治、經濟和社會的發展趨勢。

——梁錦松

南豐集團董事長兼行政總裁，香港特別行政區財政司前司長

劉遵義教授的《天塌不下來》一書，回顧了中美貿易衝突的歷史、現狀及影響，分析了中美之間的競合關係及由此帶來的機遇和挑戰，給我們思考當下中美經貿關係及未來的發展提供了一個非常有意義的視角。

——劉明康

中國銀行業監督管理委員會前主席

美中貿易戰，有時已被兩國媒體和掌握政策決定權的部分政府官員之間激烈的口舌之爭所主導。這部關於美中貿易關係與兩國科技發展的研究著作冷靜、客觀且系統嚴密，它的推出格外及時。劉遵義是當今世界該領域最出色的經濟學家之一。在本書中，他深入分析了貿易戰可能為兩國經濟總體面貌帶來的衝擊（其實並不嚴峻，也不難控制），以及各自在科技創新領域的發展階段。致力於相關問題的政府與媒體工作人員，和想要理解這一問題的人，都應該仔細閱讀本書。

—— Dwight H. Perkins

哈佛大學 Harold Hitchings Burbank 政治經濟學教授、經濟學系前系主任

劉遵義的這部專著探討了中美貿易和經濟關係的起源、影響與未來，是他多年來進行深入研究和堅持獨立見解的一個總結。關注當今世界最重要的雙邊關係的任何人，都可以從這部著作中獲益良多。

——錢穎一

清華大學經濟管理學院前院長，西湖大學校董會主席，國務院參事室參事

劉遵義的傑出專著探討了當前美中貿易戰以及這一重要雙邊關係在未來幾十年可能的走向。它卓有洞見、持論公允、視野廣博，在貿易、投資、科學技術方面提供了豐富的數據。若想超越聳動人心的媒體頭條，深入理解這兩大經濟體的相對長處與不足，尤其是在戰略、經濟和技術方面的合作、競爭與前景，本書實在不容錯過。劉遵義對中美兩大經濟巨頭的理解深度無人可及。

—— A. Michael Spence

2001 年諾貝爾經濟學獎得主，史丹福大學胡佛研究所高級研究員

如今，美中貿易的重要性已不遜於任何全球經濟或美中雙邊關係議題。劉遵義的經濟分析建立在嚴謹和扎實的事實之上，為這一仍吵吵鬧鬧、充斥著錯誤指控和政治詭辯的熱門論題提供了新的洞見。對於任何想要理解美中關係或全球經濟走向的人來說，讀這本書再恰當不過。

—— Lawrence H. Summers

美國前財政部長，哈佛大學前校長

中美貿易戰是當前最重要、最及時和最緊迫的論題。撰寫中美貿易戰的影響與對策建議，劉遵義教授是理想的人選。

——董建華

中國人民政治協商會議全國委員會副主席，中美交流基金會主席

劉遵義教授既熟知現代美國經濟、掌握最佳分析工具，又對當代中國經濟發展的原理有非凡的瞭解。劉遵義羅列出最相關的事實，並在此基礎上對中美貿易戰進行分析，我們因此能夠辨識出危言聳聽的政治謀略，去偽求真，更好地理解可能的結果。這本書值得用心去讀。

——王賡武

新加坡國立大學教授，香港大學前校長

中美關係在很大程度上是「共享」的歷史。美國對中國感興趣的一個主要動機，是獨立戰爭以來對於「中國市場」的迷戀。然而自1784年「中國皇后號」商船抵達中國，直至1978年，所謂的中國市場還只是傳說，對華貿易在美國的整體對外貿易中微不足道。而如今，當美中貿易對彼此都已舉足輕重之際，特朗普總統卻發起了對華貿易戰。劉遵義教授這一及時且充滿洞見的研究著作告訴我們，繼續朝向共同的目標攜手前行，而非分道揚鑣，對雙方皆是最好的選擇。任何相信世界會有更美好的共同未來的人，都該認真閱讀這部出色的作品。

——徐國琦

香港大學嘉里集團基金全球化史教授，著有 *Chinese and Americans: A Shared History*

這部佳作少有艱澀的術語，卻將錯綜複雜的2018年中美貿易戰及其長遠影響闡釋得非常清楚，我讀後受益匪淺。

——楊振寧

1957年諾貝爾物理學獎得主

# 天塌不下來

## 中美貿易戰及未來經濟關係

劉遵義 著

余江 譯

香港中文大學出版社

《天塌不下來：中美貿易戰及未來經濟關係》

劉遵義　著

余　江　譯

© 香港中文大學 2019

本書版權為香港中文大學所有。除獲香港中文大學
書面允許外，不得在任何地區，以任何方式，任何
文字翻印、仿製或轉載本書文字或圖表。

國際統一書號 (ISBN)：978-988-237-103-3

2019年第一版
2019年第二次印刷

出版：中文大學出版社

　　　香港 新界 沙田・香港中文大學

　　　傳真：+852 2603 7355

　　　電郵：cup@cuhk.edu.hk

　　　網址：www.chineseupress.com

*The China-U.S. Trade War and Future Economic Relations* (in Chinese)

By Lawrence J. Lau

Translated by Jiang Yu

© The Chinese University of Hong Kong 2019
All Rights Reserved.

ISBN: 978-988-237-103-3

First edition　　　2019
*Second printing*　　　2019

Published by　　The Chinese University Press
　　　　　　　　The Chinese University of Hong Kong
　　　　　　　　Sha Tin, N.T., Hong Kong
　　　　　　　　Fax: +852 2603 7355
　　　　　　　　Email: cup@cuhk.edu.hk
　　　　　　　　Website: www.chineseupress.com

Printed in Hong Kong

獻給嘉軒

# 目　錄

# 第 1 部分
# 理解貿易戰：歷史、事實和潛在的影響

## 第2部分
## 對手和夥伴：中美面臨的挑戰和機遇

## 第3部分
## 超越貿易戰

# 董建華序

中國經濟改革成就輝煌。2018年適逢改革啟動40周年，也趕上中美貿易戰爆發。美國和中國分居全球第一和第二大經濟體，也是最大和次大的貿易國，兩國互為最重要的貿易夥伴。中美經貿往來是如今世界上最重要的雙邊關係。如果兩國為共同目標攜手合作，則一切皆有可能。如果背道而馳，則一切皆是泡影。

本書作者劉遵義教授是我的老友，與我相識於1980年代。劉教授出生於中國大陸，成長於香港，到美國求學，後執教於史丹福大學，擔任經濟學教授長達40年。2004年他返回香港，出任香港中文大學校長。2010年，他出任中投國際（香港）有限公司董事長，該公司是中國主權財富基金中國投資公司的全資子公司，同時兼任香港中文大學藍饒富暨藍凱麗經濟學講席教授（Ralph and Claire Landau Professor of Economics）至今。

劉遵義教授致力於研究經濟發展、經濟增長以及包括中國在內的東亞經濟。1966年，他設計出第一個中國經濟計量模型，並在此後持續修訂更新。

1979年，當中國啟動改革開放尚未滿一年時，劉遵義教授作為美國經濟學會代表團成員，再次踏足大陸，這也是他兩歲時離

開大陸後的首次訪問。該代表團與中國當時的經濟決策者們進行了交流。自此之後，劉教授便不斷為中國最高層的經濟決策者們提供建議。

劉遵義教授對中美經貿關係熟稔已久。早在1990年代，他就與馮國釗教授合作，率先針對中美貿易差額的中美兩國官方估計值差異做調整研究，其成果曾被中國前任總理朱鎔基所引用。2000年代，劉教授提出設想，用出口產生的國內增加值、而非兩國之間的出口總值來測算中美貿易差額。此項研究由他與陳錫康教授率領的中國科學院團隊聯合開展，結果發現美中貿易逆差比原來縮小近一半。劉教授還為中美交流基金會委託的研究項目「中美2022：中美經貿關係的未來十年」做出了貢獻。

中美貿易戰是當前最重要、最及時和最緊迫的論題。撰寫中美貿易戰的影響與對策建議，劉遵義教授是理想的人選。他對事實及數據一絲不苟，熟知兩國經濟的背景，瞭解中美雙方的觀點，且保持著平衡的視角。對於通過協調、合作與聯合，利用美國擴大對華出口來縮小乃至消除中美貿易失衡，他和我一樣都保持樂觀。中美經貿往來不只能實現雙方共贏，還能為全世界創造巨大的福利。

董建華

中國人民政治協商會議全國委員會副主席

中美交流基金會主席

2018年11月

# 前 言

中美關係無疑是當今世界最重要也最危急的雙邊關係。美國是全球最大的經濟體，擁有最強的軍事實力。中國是第二大經濟體，人口最多，也擁有相當的核力量。假如中美兩國結為夥伴，為共同目標聯手行動，許多事情將成為可能。假如它們陷入經常性的對抗，最終可能引發戰爭，帶來不堪設想的災難。核戰爭沒有贏家。因此，中美兩國必須妥善處理雙邊關係，以避免任何不必要的對抗。

本書有三個基本目標。首先，筆者希望闡明，雖然2018年中美貿易戰的實際影響不容忽視，但對中國而言仍相對可控，對美國而言更是如此。即使美國的新關稅最終覆蓋來自中國的全部進口產品，依然不必恐慌。

其次，筆者希望揭示，貿易戰背後是中美之間潛在的經濟和技術競爭，以及民粹主義、孤立主義、民族主義和保護主義情緒在全球（尤其是美國）的興起。中美之間的競爭難以避免，並可能成為「新常態」。但筆者的分析表明，儘管中國的實際GDP總量可能在2030年代某個時候超越美國，但從人均水平來看仍遠遠落後，恐怕直至21世紀末才能與美國並肩。還有在科技發展的總體

水平和一般的創新能力上，中國與美國的差距依然巨大。在兩個國家的排外情緒都處於膨脹之際，雙方的政府都有責任不僅利用言辭而且通過行動來證明，國際貿易和直接投資並不必然導致任何人受損，而是有足夠大的整體收益讓所有人都獲利。

第三，筆者希望展示，中美在經貿領域的相互合作是潛在的正和博弈，即實現雙贏。鑒於兩大經濟體之間的互補性，通過貿易往來、直接和間接投資，尤其是通過改善經濟合作，充分開發和利用對方目前的閒置或未盡其用的資源，對雙方都大有裨益。實現中美貿易平衡其實是可能的，促進相互的經濟依存將有助於建立信任，減少未來的潛在衝突。

1997年，正值亞洲金融危機高潮之際，筆者撰寫過〈天塌不下來〉（The Sky Isn't Falling!）一文，解釋中國經濟如何可以應對，尤其是人民幣在當時不應該貶值。後來的事實表明，天的確沒有塌，人民幣沒有貶值，中國經濟最終保持了近8%的實際增長率。自那之後，我又以同樣的題目撰寫過幾篇文章，一篇是在2008年9月美國雷曼兄弟公司破產之際，另一篇則是在2015年中國股市泡沫破滅，人民幣發生意外貶值的時候。中國經濟體量龐大而富有彈性。中國政府機智、靈活而務實，有諸多政策工具可供選擇，足以妥善處理貿易戰的影響。沒有必要驚慌失措。

天塌不下來！

2018年12月

# 致　謝

感謝我的夫人劉麥嘉軒女士，她在我撰寫此書期間始終給予鼓勵，並在書稿的各階段提供了重要的意見。另外，特別感謝董建華先生對本項研究的堅定支持，他在百忙之中抽出時間為本書作序。我還要感謝眾多學者給予的寶貴建議、協助、貢獻和支持。對於完成本書，這些都不可或缺。這些學者包括：Michael J. Boskin 教授、陳錫康教授、鄭國漢教授、Stan Cheung 博士、莊太量教授、馮國釗教授、金耀基教授、廖柏偉教授、肖夢女士、Dwight H. Perkins 教授、錢穎一教授、Condoleezza Rice 教授、A. Michael Spence 教授、Joseph E. Stiglitz 教授、Lawrence H. Summers 教授、唐俊傑先生、熊豔豔教授、甄定軒先生、楊振寧教授和鄭環環教授。我同樣高度感謝香港中文大學出版社的諸位同事，是他們不辭辛勞的工作令本書以創紀錄的速度出版，包括甘琦女士、林穎博士、陳素珊女士、陳甜女士、張煒軒先生、曹芷昕女士、林驍女士、吳劍業先生、冼懿穎女士、蔡婷婷女士、黃麗芬女士、葉敏磊博士、余敏聰先生。他們的奉獻與效率樹立了最高的專業標準。當然，本書的任何錯漏及全部觀點完全由筆者負責，並不代表我當前或曾經供職的任何組織的看法。

# 圖表目錄

# 表

第 1 章

# 概 論

中美關係無疑是當今世界最重要的雙邊關係。美國和中國分居全球第一和第二大經濟體，[1] 同時也是第一和第二大貿易國，並且互為最重要的貿易夥伴。如果中美能夠為共同目標而結為夥伴，則許多事情會成為可能。一個重要例子是2015年12月由196個國家以及其他各方一致同意達成的阻止氣候變化的《巴黎協定》(Paris Agreement)，正是依靠中國的習近平主席與美國的奧巴馬總統的共同努力才得以促成。中美兩國以夥伴身份開展合作，還有助於實現許多類似的重要全球目標，如非洲減貧、朝鮮半島無核化，加強全球網絡安全，以及推動世界範圍的國際貿易和投資的進一步自由化。

1978年改革開放以來，中國經濟取得巨大進步，但2017年中國人均GDP只有9,137美元，尚未邁過中等收入國家12,000美

---

1　本書提到的所有「中國」經濟數據，均只包含中國大陸的部分。根據國際貨幣基金組織和世界銀行推出的「購買力平價」(purchasing-power-parity，PPP) 的估計數據，中國已經是世界第一大經濟體，美國位居其次。可是，用購買力平價估算的GDP作為基礎來比較國與國之間的實際經濟產出的規模，存在某些方法論上的疑問。可參閱：Lawrence J. Lau, 2007。

元的門檻，排名在全球第70位以後；而美國的人均GDP則高達
59,518美元。[2]中國的整體軍事和科技實力仍明顯落後於美國。
作為國際交易媒介或價值儲藏工具，人民幣也無法與美元匹敵。
雖然中美在聯合國安理會都有否決權，但在國際貨幣基金組織、
世界銀行和亞洲開發銀行等多邊組織中，中國的影響力仍比不上
美、日和歐洲國家。現在把中美作為「兩國集團」(G2)相提並論，
明顯為時過早。

　　此外，儘管中美互為最大的貿易夥伴國，雙方經濟往來中卻
存在重大摩擦和潛在衝突。這引發美方的諸多抱怨：對中方有利
的貿易差額，人民幣匯率的低估，美國企業難以進入中國市場，
中國的市場競爭環境不夠公平、對國有企業存在偏袒，中國政府
的產業政策(例如「中國製造2025」計劃的內容)，對知識產權保護
不力，強制外國企業進行技術轉移，對工商業信息的網絡竊取，
以及國家安全方面的擔憂等。這些抱怨最終導致美國總統特朗普
在2018年決定對來自中國的進口商品分三輪實施新關稅制裁，總
貨值達到2,500億美元，由此引發了兩國間的貿易戰。[3]

　　2018年3月1日，特朗普總統宣佈對進口鋼鐵產品徵收25%
的從價關稅，[4]對進口鋁製品徵收10%的從價關稅。中國雖然不
是對美國的鋼鐵和鋁製品的主要直接出口方，依然向世界貿易
組織提起了對這些關稅的申訴。[5]美國專門針對中國商品的第
一輪關稅制裁在2018年7月6日實施，稅率為25%，涉及340億

---

2　　以美國官方公佈的2017年GDP除以2017年年中人口數計算得出。

3　　該數字一直處於變化中，最開始是500億美元，到2018年9月24日，變成2,500
　　　億美元。不過，近期又提出將追加2,670億美元的進口商品，那將使總貨值達到
　　　5,170億美元，幾乎相當於中國對美國的年度出口的總值。

4　　從價關稅(ad valorum)是指按商品貨值徵稅。

5　　歐盟於2018年6月向世界貿易組織提起了類似的申訴。

美元的多種商品，如飛機輪胎、熱水器、X光機部件以及各種
工業部件等。這些關稅措施很快遭到中國方面對價值340億美
元的美國商品的關稅報復，稅率同樣為25%，涉及電動汽車、
豬肉和大豆等產品。兩國之間的第二輪新關稅制裁是在2018年
8月23日實施，互相針對160億美元的進口產品，稅率依然為
25%。中國同時向世界貿易組織提起了對美國新關稅措施的新
申訴。

　　美國的第三輪關稅制裁發生在2018年9月24日，針對價值
2,000億美元的來自中國的商品，初期稅率為10%，從2019年1月
1日起將提至25%。這輪關稅措施將使受美國新關稅影響的中國商
品的總價值達到2,500億美元（=340億+160億+2,000億），接近美
國每年從中國進口的商品總價值的一半。中國方面的報復措施是
對價值600億美元的美國商品實施5%至25%不等的新關稅率，使
受中國新關稅影響的美國商品的總價值達到1,100億美元（=340億
+160億+600億）。在中國從美國進口的產品中，目前還有價值約
400億美元的部分未受新關稅的影響，包括大型飛機、集成電路
和半導體等。

　　還有，特朗普總統已發出威脅，如果中國對美國的新關稅實
施報復，美國將對另外的價值2,670億美元的中國商品提高關稅。
如果實施，這將使受美國新關稅影響的中國商品的總價值達到
5,170億美元（=2,500億+2,670億）。根據美國的官方統計，2017年
美國從中國進口的商品總值為5,056億美元。因此，如果新一輪關
稅制裁真的發生，意味著美國從中國進口的全部商品都將受新關
稅的影響。當然為保護美國的企業和消費者，部分來自中國的進
口商品有可能被免除實施新關稅。例如，在美國從中國進口的全
部商品價值中，大約有10%屬於蘋果公司的iPhone手機，該產品
在中國組裝，計入中國的出口，但其中屬於中國國內增加值的部

分卻非常低，不足 5%。[6] 所以到目前為止，在中國製造的手機尚未被納入美方前三輪關稅制裁的範圍。與此相似，美國從中國進口的半導體也幾乎都是由美國的高科技公司為美國市場而生產，只是在中國完成最後的加工組裝環節，其中屬於中國國內增加值的比例同樣很低。對此類產品實施新關稅的成本將主要由蘋果公司等美國企業及手機用戶等消費者負擔，而不是落到中國的製造承包商頭上。因此新關稅是否會徹底實施還存在某些不確定性。[7] 另據報導，2018 年 12 月 1 日，在阿根廷布宜諾斯艾利斯 G20 峰會的工作午餐會上，美國總統特朗普與中國國家主席習近平已達成暫時和解協議。雙方同意在 90 天內不會增加新的關稅，以等待後續談判。[8] 這被認為是很有希望的進展。

　　這場中美貿易戰給國際貿易和投資造成了擾動，其影響不限於中國經濟和美國經濟，還關係到在過去幾十年出現和發展起來的全球供應鏈。貿易戰給世界所有地方的企業與居民的消費和投資決策帶來了巨大不確定性，並有可能導致中美關係的永久性轉變。

＊ ＊ ＊ ＊ ＊

寫作本書時，筆者心中有三個主要目標。首先，筆者希望闡明，雖然 2018 年中美貿易戰的實際影響不容忽視，但對中國而言仍然

---

6　　企業的增加值的定義是，其銷售收入與除勞動以外的所有購置投入品成本的差額。因此，增加值是企業的利潤、薪資和折舊的總和。加工組裝業務的增加值與銷售收入的比值通常較低，是因為有大量的中間投入品必須從其他地方（很多時候是海外）購入。

7　　美國貿易代表辦公室也可以根據進口企業的申請決定免徵新關稅。

8　　顯然，G20 峰會前，特朗普總統與習近平主席於 11 月進行過電話交談，就雙方共同關心的問題交換過意見。

相對可控，對美國而言更是如此。即使美國的新關稅最終覆蓋來自中國的全部進口產品，這一說法也依然成立。所以無需驚慌。然而貿易戰對中國的股票市場和人民幣匯率有巨大心理影響，會打擊中國的企業與居民的信心和預期。

其次，筆者希望揭示，貿易戰背後是中美之間潛在的經濟和技術競爭，以及民粹主義、孤立主義和保護主義情緒在全世界（尤其是美國）的興起。中國和美國對於全球最大經濟體地位的暗中角逐，以及在人工智能和量子計算等21世紀核心技術領域的競爭，或許不可避免。這將有可能成為「新常態」。不過筆者將通過分析闡釋，儘管中國的實際GDP總量可能會在2030年代某個時候超越美國，但從人均水平來看中國仍遠遠落後，恐怕直至21世紀末才能真正與美國並駕齊驅。還有在科技發展的總體水平和一般的創新能力上，中國與美國的差距也仍然巨大。在兩個國家的排外情緒都處於膨脹之際，雙方的政府有責任不僅借助言辭而且通過行動來證明，國際貿易和直接投資並不必然導致任何人受損，而是有足夠大的整體收益讓所有人都獲利。當然，雖說國際貿易整體上總是對貿易雙方都有利，卻肯定會在每個國家內部造成不同的贏家和輸家。不幸的是，市場本身無法把贏家的部分利益轉移給輸家，因此必須依靠政府的稅收和財政政策來實現從贏家到輸家的恰當的再分配。

第三，筆者希望展示，中美在經貿領域的相互合作是個潛在的正和博弈，即雙方能同時實現雙贏。鑒於這兩大經濟體之間的互補性，通過貿易往來、直接投資和間接投資，尤其是通過改善經濟合作，充分開發和利用對方目前的閒置或未盡其用的資源，對雙方都將大有裨益。平衡中美貿易是切實可行的，可通過增加雙邊貿易和投資，從而加深彼此間的共同經濟依存度。這也有助於建立信任，減少衝突可能性，避免艾利森教授（Graham Allison）所說的「修昔底德陷阱」（Thucydides Trap）——他認為由於新興強國對老牌

強國的統治地位發起挑戰，中美之間最終不可避免會爆發戰爭。[9]

中國經濟崛起是新現象，始於1978年底，中國決定開展經濟改革，並對國際貿易和投資實行開放。回頭來看，這對中國以及以鄧小平為首的老一代領導人而言是個重大、英明且極其成功的決策。圖1.1顯示了美國、歐盟、中國、日本、東亞(不包括中國和日本)以及印度於1960至2017年在全球GDP中的份額變化。已故的麥迪遜教授估計，中國從18世紀後期到19世紀早期在全球GDP中佔比約為30%。[10]可是到1960年，該數字僅為4.4%，到1978年改革開放之前更是下滑到1.75%，而人口卻佔全球的四分之一。1987年，中國在全球GDP中佔比進一步跌至谷底，不足1.6%，此後便逐漸提升，並在2001年加入世界貿易組織後加速，至2017年已達到15.2%。

相比之下，今天依然保持世界最大經濟體地位的美國，在全球GDP中的佔比卻從1960年的39.8%下降至2017年的24%。當然這並非美國經濟衰落所致，而是由於世界其他經濟體的增速更快，尤其是東亞地區，[11]其中也包括中國。日本一度成為世界第二大經濟體，如今已退居第三位，其份額先是從1960年的3.2%提升至1994年的17.7%(高於中國在2017年的水平)，然後又回落到目前的6%。印度是今天全球增長速度最快的主要經濟體，其份額從1960年的2.7%緩慢提升至2017年的3.2%，但有望在今後的一二十年快速攀升。

---

9    有關「修昔底德陷阱」是否對中美關係適用的討論，可參閱：Graham T. Allison, 2015。

10   見Angus Maddison, 2006。

11   這裡所稱的東亞的定義是：東南亞國家聯盟(ASEAN)各國(包括汶萊、柬埔寨、印度尼西亞、老撾、馬來西亞、緬甸、菲律賓、新加坡、泰國和越南)，中國(包括香港、澳門和台灣)、韓國與日本 —— 即東盟與中日韓的「十加三」。

圖1.1　美國、歐盟、中國、日本、東亞(不包括中國和日本)以及
　　　　印度在全球GDP中的份額變化

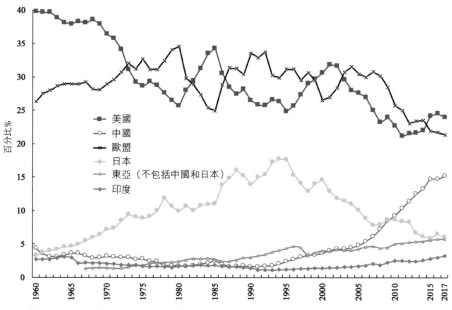

資料來源：世界銀行國民賬戶核算數據，經合組織國民賬戶核算數據。

　　在上述變化背後，世界經濟重心逐漸從北美和西歐向東亞轉
移，在東亞內部則是從日本向中國轉移。美國以及如今的歐盟
國家在全球GDP中的份額從1960年的近三分之二降至2017年的
45%。相對而言，東亞總體上從1960年的不足10%提升到如今
的近30%。美國、歐盟和東亞已成為當今世界的三大主要經濟板
塊，規模大體相當，合計約佔全球GDP的75%。

　　在商品和服務的國際貿易領域，東亞所佔的份額也出現了類
似提升。圖1.2顯示了美國、歐盟、中國、日本、東亞(不包括中
國和日本)以及印度於1960至2017年在全球貿易中的份額變化。
美國在1960年佔全球貿易額的15.8% ——遠低於它在全球GDP

圖1.2　美國、歐盟、中國、日本、東亞（不包括中國和日本）以及
　　　　印度在全球貿易額中的份額變化

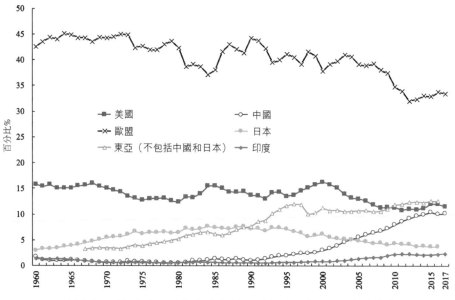

資料來源：世界銀行國民賬戶核算數據，經合組織國民賬戶核算數據。

中的佔比，符合一個有著豐富自然資源的、龐大的大陸經濟體的
特徵——到2017年降至11.5%。與之相比，中國在1960年僅佔全
球貿易額的1.7%，到改革開放前夕的1978年更是滑落至0.5%。然
而到加入世界貿易組織之前的2000年，中國在世界貿易額中的佔
比已逐漸升至3%，到2017年更達到10.2%。不過作為與美國類似
的大陸經濟體，中國在世界貿易額中的份額未來已不太可能還有
大幅增長。日本在全球貿易額中的佔比則從1984年的7.6%的峰值
下滑到2016年的3.7%。印度的份額從1960年的1.3%增長到2017
年的2.3%，預計接下來的增長將更快。儘管印度也是一個大型經
濟體，但它在世界貿易中的份額仍有很大的增長空間。

　　值得一提的是歐盟在世界貿易額中的佔比，儘管從1960年的

42.5%減少至2017年的33.5%，其份額依然很高。然而其中的一部分原因在於，歐盟內部各成員國之間的貿易被計入了國際貿易，而不是像美國內部各州或中國內部各省之間的貿易那樣被視為國內貿易。如果把歐盟內部的貿易剔除，歐盟在世界貿易額中的佔比將同中國和美國的情形接近得多。美國和歐盟在世界貿易額中的合計份額在1960年接近60%，到2017年已降至45.1%，同它們在全球GDP中的佔比基本一致，東亞在2016年世界貿易額中的佔比則為26.4%。美國、歐盟和東亞合計超過世界貿易額的70%。這再次表明，如今的東亞各經濟體總體上已具備足夠強大的獨立經濟實力，可以同美國和歐盟分庭抗禮。此外，東亞各經濟體彼此之間的進出口已超過它們對美國和歐盟的進出口，並越來越明顯，這有助於減少它們對美國和歐盟的經濟依賴。正如2008至2009年全球金融危機及隨後的歐洲主權債務危機的案例所示，東亞已經更能夠承受和抵禦美國和歐盟經濟下滑的影響。該現象也給「部分脫鈎假說」（partial-decoupling hypothesis）提供了佐證，其含義是即使美國和歐洲陷入經濟衰退，東亞依然能保持增長，反之同樣成立。

由上述簡單介紹可以看出，中國從1978年啟動的經濟改革和開放中獲得了巨大收益，其GDP以及商品和服務的國際貿易取得了飛躍式增長。外貿增長率在1994年外匯體制改革後加速，在2001年加入世界貿易組織後躍升。但到了過去五年，隨著工資水平和外匯匯率的提高，以及龐大的國內市場的快速增長且成為總需求的主要來源，中國的國際貿易增速已顯著放緩。

\* \* \* \* \*

本書的後續結構安排如下。第2章對中美關係發展歷史上的重要時刻做簡要回顧。第3章從貿易總值和增加值的角度，對中美商

品和服務貿易差額的估計數據做更為可靠和可比的調整分析。為
縮小貿易順差或逆差而設計有效的解決方案，必須首先弄清楚中
美貿易差額的真實情況。第4章將探討2018年中美貿易戰對雙方
的直接和潛在衝擊。第5章將介紹中美兩個經濟體實際上有著高
度的互補性，兩國間的貿易和投資應該對雙方都非常有利。第6
章討論中美兩個全球最大經濟體不可避免存在相互競爭，無論是
否有意為之。但在許多方面，中國與美國還存在相當的距離。第
7章將從經濟和國家安全的考慮出發，分析中美之間潛在的技術
競爭，儘管中國在科技領域快速追趕，但兩國之間仍有顯著的差
距。第8章將討論如何在縮小貿易失衡的同時深化中美之間的相
互經濟依賴，幫助兩國避免「修昔底德陷阱」。第9章將探討超越
2018年貿易戰對中美兩國經濟關係的長期影響，以及與之相關的
如何利用兩國間的「新型大國關係」來維持和平競爭，避免戰爭。
最後的第10章將對中美關係的未來之路加以展望。

第 1 部分

# 理解貿易戰：
# 歷史、事實和潛在的影響

# 第 2 章

# 中美關係歷史上的重要時刻

中美兩國的往來始於18世紀後期的貿易。中國的清朝政府(1644–1912年)與美國政府於1844年正式相互承認。1849年出現的北加利福尼亞淘金熱吸引了來自中國的許多華人礦工,因此在大多數礦工的故鄉 —— 華南的廣東省 —— 美國被稱為「金山」。[1] 1869年完工的美國太平洋鐵路(trans-continental railroad)也僱用了大量中國工人,其中部分人還參與了後來的史丹福大學的建設工程。容閎是第一位從美國大學畢業(耶魯大學,1854年)的中國學生,[2]後來領導了安排120名中國幼童學生到美國留學的出洋肄業局(1872–1881年),[3] 可惜該計劃最終被半途撤銷。

在19世紀到20世紀上半葉,美國是唯一在中國沒有殖民地、租界或勢力範圍的主要強國。其他世界列強,如英國、法國、德國、俄國和日本,都在中國的某些地區擁有管轄權或排他性的勢力範圍。美國則只是主張「門戶開放政策」,由國務卿海約翰(John

---

1   在今天,三藩市(San Francisco)的中文名稱依舊是「舊金山」(Old Gold Mountain)。
2   英文名為Yung Wing。
3   大多數為十多歲的男孩。

Hay) 於 1899 年提出，認為所有國家應該平等參與對華貿易，而且
支持維護中國的領土完整。這段時期的中美關係總體上是積極而
友好的。

不過，1900 年夏，美國同奧匈帝國、法國、德國、意大利、
日本、俄國和英國結成八國聯軍，發動了對北京的軍事進攻，以
解救被清朝政府支持的準軍事組織「義和團」所圍困的各國公民。
八國聯軍擊敗了義和團與清朝軍隊，迫使中國當時的實際統治者
慈禧太后逃離北京。敵對局面在 1901 年的《辛丑條約》簽訂後結
束，該條約規定中國向包括美國在內的多個國家支付數量龐大的
「庚子賠款」。

之後，美國政府和民眾為中國 20 世紀上半葉的發展提供了支
持和幫助。例如，美國最終把庚子賠款中美國所得的部分款項返
還給了中國，以支持中國學生赴美國留學的獎學金項目，並在北
京建立了留美預備學校 —— 清華學堂。該學堂正是今天中國的頂
尖學府清華大學的前身。1906 年，美國和英國的教會與中國政府
合作開辦了北京協和醫學院，成為北京的知名醫學院和醫院，該
機構從 1915 年起又得到了來自美國洛克菲勒基金會的大力資助。

1911 年清朝政府被辛亥革命推翻，中華民國政府於 1912 年
成立，很快得到美國的承認。1917 年，中國參加了第一次世界大
戰，站在美國、英國、法國等國家一方，並派遣了大量勞工到歐
洲為前線服務。戰後，《凡爾賽和約》以犧牲中國的利益來討好日
本的內容引發了中國的「五四運動」，中國各地掀起了反對北京政
府和舊秩序的大規模遊行抗議行動。

1937 年，抗日戰爭（1937–1945 年）全面爆發。在日本突襲珍
珠港、美國對日宣戰前，別名「飛虎隊」的美國志願航空隊在陳納
德（Claire Chennault）將軍率領下在戰爭中給中國提供了支援。美
國參戰後，史迪威將軍（Joseph W. Stilwell）被任命為中緬印戰區美

軍司令，並擔任中國領導人蔣介石的參謀長。後來出任美國國務卿的馬歇爾將軍（George C. Marshall, Jr.）在1945–1947年試圖調停國共兩黨的關係，但最終未能阻止內戰爆發。

1949年，中國共產黨在內戰中擊敗國民黨，成立了中華人民共和國政府。朝鮮戰爭（1950–1953年）爆發前，美國官方在國共兩黨之間持中立立場。[4] 但隨著中國方面以中國人民志願軍的形式加入朝鮮戰爭，中美轉為敵對，由此還導致美國對中國實施貿易禁運。此外，中美在越南戰爭（1955–1975年）中也分別支持北越和南越。[5] 儘管如此，中美雙方仍在1955年8月至1970年2月維持了間歇性的大使級會談，起先在日內瓦，後轉至華沙。從1950年代後期到1960年代早期出現的中蘇交惡，則給中美關係的緩和提供了契機。美國國務卿基辛格（Henry Kissinger）於1971年秘密訪華，推動了中美關係解凍。在美國的默許支持下，中國於1971年後期恢復了在聯合國大會及安理會的席位。除戰略和國防相關物資外，對中國的貿易禁運也被取消。隨即，美國總統尼克松（Richard Nixon）於1972年訪華，使中美聯手對抗蘇聯成為可能。1978年後期，中華人民共和國在美國卡特（James Carter）政府時期與其正式建立外交關係，中國決定實施改革開放，給兩國合作創造了新的機遇。但後來，中國1989年的政治事件，柏林牆在1989年11月倒塌，以及蘇聯在1991年解體，給世界地緣政治格局帶來了深刻的改變。

1990年代早期，中美之間圍繞中國向美國出口的「最惠國待遇」開展了漫長的談判。中國最終得以在2001年加入世界貿易組

---

4　可參閱：United States Department of State, 1949。

5　曾經有報道稱，中國軍隊身著北越軍人的服裝參加了越南戰爭，但從未得到官方證實。

圖2.1　　中國對全球和美國的商品和服務出口額及年增長率

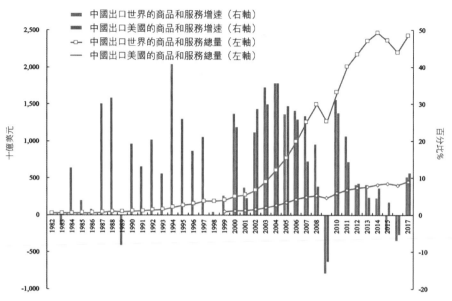

資料來源：中國國家統計局。1999 年以前的中國對美國的服務出口的數據未
獲得。

織（WTO），此後向全球和美國的出口出現了長達十年的爆炸式
增長（見圖2.1）。正是得益於出口的激增，中國農村大量剩餘勞
動力能夠轉移到沿海城市，在出口導向型的輕工業企業工作，多
達8億人因此擺脫了貧困。儘管中國對全球和美國的出口增速自
2012年來顯著放緩，[6] 在美國的支持下，中國加入世界貿易組織後
所取得的經濟成就依舊不容低估。

6　　缺乏1999年以前的中國對美國的服務出口的數據，但可以認為數額很小。有關
　　　中國的商品出口的數據見後文的表4.9。

# 第3章

# 中美貿易差額的真相<sup>*</sup>

關於本國對外的商品和服務貿易，中美兩國都有政府部門收集和發佈的統計數據。可是，兩國對於雙邊貿易、尤其是雙邊貿易差額（trade balance，或稱貿易收支）的統計數據似乎並不契合。例如，中國國家統計局發佈的2017年中國對美國的商品出口以「船上交貨價」（free on board，f.o.b.）計算約為 4,298 億美元，[1] 而美國商務部人口普查局或經濟分析局發佈的以「海關基數」（customs basis）計算的來自中國的進口商品約為 5,055 億美元。[2] 兩個數字之差高達17.6%。[3] 因此兩國對於雙邊貿易差額的官方估計也存在巨大分歧，並不令人驚訝。

這些統計差異來自幾方面的原因。其中包括：使用的定義不同，採用「船上交貨價」還是「船邊交貨價」（free alongside ship，f.a.s.）來計算出口，採用「成本加保險費和運費」（cost, insurance

---

*    本章內容是基於如下研究文獻：Xikang Chen, Lawrence J. Lau, Junjie Tang and Yanyan Xiong, 2018。

1    見本章附錄的附表A3.4。

2    見本章附錄的附表A3.3。

3    船上交貨價與成本加保險費和運費價格通常的差異應該約為10%。

and freight，c.i.f.) 還是「海關基數」來計算進口，雙方有不同習慣；[4] 出口商品離開起運國的時間與運抵目的地國的時間存在差異；[5] 對間接貿易 (即通過第三國或地區開展的再出口) 的統計處理存在差異；雙方使用的人民幣和美元互換匯率存在差異等。出口商經常用轉移定價把利潤轉移到稅率較低的司法管轄地，往往涉及通過第三國或地區的再出口。進口商為免交或少交關稅而有意虛報，也是出口國記錄的出口額與進口國記錄的進口額出現差異的可能因素。

　　本章將對中美兩國雙邊貿易的官方統計數據進行梳理和分析，希望調和兩者的差異。筆者將嘗試用兩國間的商品和服務貿易總額為指標，對中美貿易總量和貿易差額做出希望被雙方認可的重新估計。在此基礎上，筆者還將用國內增加值 (即出口給各自國家創造的GDP) 作為指標來估算中美貿易差額的水平。

　　大多數主流經濟學家通常認為兩國之間的雙邊貿易差額並非關鍵議題，真正關係重大的是一個國家同全球的總貿易差額。然而許多國家依然有潛在的重商主義情緒，基於簡單的理念認為出口能給本國帶來收入、創造就業，而進口會導致資金外流、減少就業，由此以為貿易順差對本國有利。所以就像中美當前的情形這樣，雙邊貿易差額的大小可能成為兩國關係中頗具政治意義和敏感性的數字。因此，中國和美國都有必要對雙邊貿易的順差或逆差做出較為準確的估計。此外兩國政府如果試圖為縮小貿易差額採取任何措施，也要求對貿易差額的真實性質和規模有共同的認識。

---

4　　其含義是，進口額是基於海關官員的估價。

5　　在穩定狀態下，出口量保持不變，時間因素並不重要。可是當貿易額快速增長或下降時，時間因素可能會造成較大差異。在 12 月份從起運國發出、在次年 1 月份運抵目的地國的商品，在起運國會被計入當年的出口，在目的地國則會被計入次年的進口，從而可能導致統計的差異。

## 兩國之間的貿易總是對雙方均有利

首先需要解釋一下，為什麼兩國之間的自願貿易往來在總體上對雙方都始終有利。這是因為有了對外貿易以後，兩個國家的企業和居民的選擇面都會被大大擴展。兩國的企業和居民都能獲得之前不可及的商品和服務。如果兩個國家自願決定開展貿易，它們必然都會得到改善，因為它們隨時可以選擇退出。如果任何一個貿易夥伴國無利可圖，就不會有貿易發生。因此總體來看，兩個貿易夥伴國的福利都必然會因為貿易而提高，國際貿易對兩國而言總是雙贏，而且這與貿易收支是否平衡或者哪個國家有雙邊貿易順差還是逆差都完全無關。

　　一個經濟體的「生產可能性集合」是其在給定時期 (如一年) 內可以生產的商品和服務的所有可能組合。在圖 3.1 中，藍色陰影部分顯示了包含兩種商品 (X1 和 X2) 的某個經濟體的生產可能性集合，覆蓋了該經濟體可能生產的這兩種商品的所有可能的組合。藍色的實線則是生產可能性集合的邊界，有效率的經濟體總是位於生產可能性集合的邊界上，因為在這條線上，無法在增加 X1 的產量時不減少 X2 的產量，反之亦然。此外，該經濟體已經產出的 X1 越多，為繼續增加 1 邊際單位 X1 的產出而必須放棄的 X2 的數量就越多 —— 這是源於邊際替代率下降的假設 (或稱凸性函數假設)。

　　在沒有國際貿易的情況下，上述經濟體的「消費可能性集合」—— 即該經濟體可以消費的兩種商品的所有可能組合 —— 完全等於其生產可能性集合。企業和居民只能消費該經濟體所能生產的產品。而在有國際貿易的情況下，即使生產可能性集合不變，該經濟體的消費可能性集合也可以得到擴展。圖 3.1 中的紅色直線代表「國際貿易價格線」，其斜率等於國際市場上每單位商品

**圖3.1    有無國際貿易時的消費可能性集合**

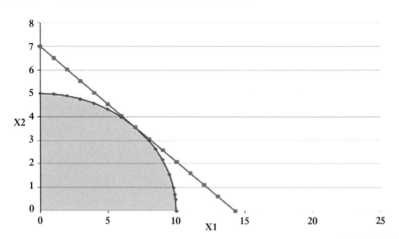

X2可以同商品X1交換的比率,該直線同生產可能性集合相切。[6]

　　在有國際貿易的情況下,消費可能性集合將變成一個三角形,由紅色的價格線以及橫軸線和縱軸線構成。我們可以設想,該經濟體在初期位於生產可能性集合同國際價格線的切點上,然後通過在國際市場上出口X1、進口X2,可以移動到切點左側的紅線上的任何點;或通過在國際市場上出口X2,進口X1,可以移動到切點右側的紅線上的任何點。若該經濟體能達到紅線上的每個點,則紅線之下的任何點(對應相同的X1,有更小的X2)也可以實現。這樣,紅色直線及其以下的、由橫軸和縱軸包圍的所有X1與X2的商品組合都能夠通過國際貿易來實現。有國際貿易的消費可能性集合顯然包含了整個生產可能性集合(以及在原來的自給自足狀態下的消費可能性集合)。

---

6    這裡假設該經濟體規模較小,不會影響國際市場的價格,因此它是國際市場價格
　　的接受者,價格線保持直線形狀。

　　可見，該經濟體必然因此得到改善，因為不僅有原來的全部消費可能性可供選擇，還有很多以前不曾擁有的選項。所以每個貿易夥伴國的淨收益總體上都始終為正。

　　不過，國際貿易可能在每個國家內部造成贏家和輸家。一個經濟體從國際貿易中獲得的利益可以表現為兩種主要方式：第一，出口商可以生產更多商品並將其出口，創造更多的GDP、利潤和就業；第二，對進口的需求會給進口商帶來收入和利潤，並創造新的就業，消費者能獲得數量更多、價格更低、品種更豐富的進口消費品，生產商也能獲得數量更多、價格更低的進口投入品，包括設備、能源、原材料和服務投入等。然而國際貿易的出現必然帶來貿易夥伴國雙方的國內調整，因為國內某些產業會擴張，某些則會收縮。進口商品可能同國內商品形成競爭，排擠受僱於國內企業的工人，給國內產業帶來擾動。國際貿易還可能改變經濟體內部不同商品的相對價格，例如，出口擴張可能搶走其他產業所需要的國內資源，令它們受損。如果政府不採取恰當的補償和再分配政策，國內經濟中就會出現輸家。自由市場本身無法給國際貿易造成的輸家提供補償，只有政府能對贏家徵稅，給輸家補償，以實現淨收益的再分配，包括失業救濟、生活津貼、再培訓經費等過渡性扶持措施，以及提前退休津貼等可能的選項。但如上文所述，在自願性質的國際貿易下，每個貿易夥伴國總體上始終能獲得淨收益，因此各國政府都有可能通過再分配確保沒有人因之受損。

　　最後，以上論證同樣表明，當一個封閉經濟體加入世界經濟，開始同其他國家開展貿易時（例如中國在1978年的對外開放那樣），全球的國際貿易總量將會增長，參與世界經濟的每個國家的經濟福利總量也會提高。

圖3.2　　商品和服務貿易總額及其增長率：中國與美國的比較

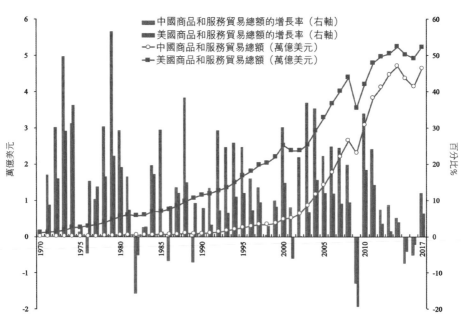

資料來源：中國國家統計局、美國人口普查局。美國的商品和服務貿易數據來自美國的國民收入核算。

## 對中國和美國的世界貿易官方統計數據的梳理

美國和中國目前分別是全球第一和第二大貿易國。圖3.2顯示了中國和美國各自的國際貿易總額（包括商品和服務）的年度水平（曲線）與增速（柱狀），紅色代表中國，藍色代表美國，根據是兩國各自的官方統計，基礎數據參見本章附錄的附表A3.1和A3.2。圖3.2表明，美國在過去數十年來一直是全球最大貿易國，今天依然如此。中國雖然是國際經濟中相對的後來者，卻已成長為僅次於美國的重要貿易國。中國的國際貿易自1990年代開始快速增長，尤其是在2001年加入世界貿易組織後。在1991年之後的每一年，

中國的貿易增速均高於美國。世界貿易在2008–2009年的全球金融危機中遭受沉重打擊，但恢復速度較快。不過自2012年以來，中國和美國的國際貿易增速都有所放緩。

需要指出，中國和美國的統計機構在測算各自的出口和進口時採用的慣例並不完全相同，因此圖3.2中代表中國和美國的曲線和柱狀不是直接可比。美國是基於「船邊交貨價」的標準來計算出口，即商品在裝運上船之前的價值，含陸上運輸的費用。而包括中國和國際貨幣基金組織在內的世界其他幾乎所有各方，則是基於「船上交貨價」的標準來計算出口，即商品裝運上船之後的價值，包括裝貨的費用。對同批貨物，通常認為船上交貨價比船邊交貨價高出1%。另外美國是基於「海關基數」來計算進口，即根據海關官員的價值評估。而包括中國和國際貨幣基金組織在內的世界其他幾乎所有各方，則是基於「成本加保險費和運費」來計算進口。「海關基數」與「成本加保險費和運費」的相互關係並不完全清楚。但幸運的是，國際貨幣基金組織發佈了全球所有國家的貿易統計數據，包括美國在內，以船上交貨價計算出口，以成本加保險費和運費計算進口。可以推測，這是基於各國官方統計機構提交的數據，包括美國在內。因此將美國人口普查局公佈的基於船邊交貨價的美國出口總值，與國際貨幣基金組織公佈的基於船上交貨價的美國出口總值進行對比，就可以知道兩種統計方法的差異。類似的是，將美國人口普查局公佈的基於海關基數的美國進口總值，與國際貨幣基金組織公佈的基於成本加保險費和運費基數的美國進口總值進行對比，也可以知道兩種估值方法是否存在差異。再將美國公佈的美國對中國的出口總值和美國從中國的進口總值，與國際貨幣基金組織公佈的相應數據進行對比，同樣能分別顯示船邊交貨價同船上交貨價的比率，以及海關基數同成本加保險費和運費標準的比率。當然，對於服務出口和進口的計

表3.1    美國的官方出口統計數據和國際貨幣基金組織數據的對比
        （單位：百萬美元）

| 年 | 美國對世界商品出口（f.a.s.） | 美國對世界商品出口（f.o.b.） | 美國對世界商品出口f.o.b./f.a.s.比例 | 美國對中國商品出口（f.a.s.） | 美國對中國商品出口（f.o.b.） | 美國對中國貨物出口f.o.b./f.a.s.比例 |
|---|---|---|---|---|---|---|
| 1985 |  | 212,778 |  | 3,856 | 3,938 | 1.021 |
| 1986 |  | 227,158 |  | 3,106 | 3,176 | 1.023 |
| 1987 |  | 254,124 |  | 3,497 | 3,574 | 1.022 |
| 1988 |  | 322,427 |  | 5,022 | 5,121 | 1.020 |
| 1989 | 363,817 | 363,812 | 1.000 | 5,755 | 5,865 | 1.019 |
| 1990 | 393,610 | 393,592 | 1.000 | 4,806 | 4,903 | 1.020 |
| 1991 | 421,710 | 421,730 | 1.000 | 6,278 | 6,394 | 1.018 |
| 1992 | 448,164 | 448,164 | 1.000 | 7,419 | 7,548 | 1.018 |
| 1993 | 465,092 | 464,773 | 0.999 | 8,763 | 8,908 | 1.017 |
| 1994 | 512,627 | 512,627 | 1.000 | 9,282 | 9,432 | 1.016 |
| 1995 | 584,743 | 584,743 | 1.000 | 11,754 | 11,928 | 1.015 |
| 1996 | 625,072 | 625,073 | 1.000 | 11,993 | 12,169 | 1.015 |
| 1997 | 689,183 | 689,182 | 1.000 | 12,862 | 13,047 | 1.014 |
| 1998 | 682,138 | 682,138 | 1.000 | 14,241 | 14,437 | 1.014 |
| 1999 | 695,798 | 695,797 | 1.000 | 13,111 | 13,298 | 1.014 |
| 2000 | 781,918 | 781,918 | 1.000 | 16,185 | 16,396 | 1.013 |
| 2001 | 729,099 | 729,100 | 1.000 | 19,182 | 19,413 | 1.012 |
| 2002 | 693,101 | 693,103 | 1.000 | 22,128 | 22,375 | 1.011 |
| 2003 | 724,770 | 724,771 | 1.000 | 28,368 | 28,645 | 1.010 |
| 2004 | 814,873 | 814,875 | 1.000 | 34,428 | 34,833 | 1.012 |
| 2005 | 901,081 | 901,082 | 1.000 | 41,192 | 41,873 | 1.017 |
| 2006 | 1,025,967 | 1,025,967 | 1.000 | 53,673 | 54,812 | 1.021 |
| 2007 | 1,148,198 | 1,148,199 | 1.000 | 62,937 | 64,314 | 1.022 |
| 2008 | 1,287,442 | 1,287,442 | 1.000 | 69,733 | 71,346 | 1.023 |
| 2009 | 1,056,043 | 1,056,043 | 1.000 | 69,497 | 70,637 | 1.016 |
| 2010 | 1,278,493 | 1,278,495 | 1.000 | 91,911 | 93,059 | 1.012 |
| 2011 | 1,482,507 | 1,482,508 | 1.000 | 104,122 | 105,445 | 1.013 |
| 2012 | 1,545,820 | 1,545,821 | 1.000 | 110,517 | 111,855 | 1.012 |
| 2013 | 1,578,517 | 1,578,517 | 1.000 | 121,746 | 122,852 | 1.009 |
| 2014 | 1,621,874 | 1,621,874 | 1.000 | 123,657 | 124,729 | 1.009 |
| 2015 | 1,503,329 | 1,503,328 | 1.000 | 115,873 | 116,505 | 1.005 |
| 2016 | 1,451,022 | 1,451,024 | 1.000 | 115,546 | 115,942 | 1.003 |
| 2017 | 1,546,274 | 1,546,273 | 1.000 | 129,894 | 130,377 | 1.004 |

資料來源：美國人口普查局、美國經濟分析局、國際貨幣基金組織。

算不存在估值方面的差異。

表3.1和3.2把美國對全球及中國的全部出口與進口的美國官方統計同國際貨幣基金組織的相關統計做了對比。表3.1顯示，美國對全球的商品出口用船邊交貨價或船上交貨價計算似乎沒有什麼差異。[7] 但就美國對中國的出口而言，用船上交貨價計算如預期那樣高於船邊交貨價，差額在0.3–2.3%之間，有逐漸下降的趨勢。我們將在之後的計算中採用國際貨幣基金組織用船上交貨價計算的美國出口數據。[8] 而海關基數與成本加保險費和運費標準的差異有時可能更大。由於中國與國際貨幣基金組織對出口和進口使用相同的計算辦法，沒有必要再對它們的數據加以對比。

表3.2顯示，美國從全球及中國的商品進口用成本加保險費和運費計算似乎均高於用海關基數的計算，對來自中國的進口商品，成本加保險費和運費與海關基數的比率更高，或許是因為相對於加拿大和墨西哥等美國的其他主要貿易夥伴國而言，美中之間的平均航運距離更遠。不過自2011年以來，有好幾年中該比率等於1.0，顯示兩種計算標準沒有什麼差異。[9]

圖3.3顯示的是中國和美國各自的年度商品貿易額（分別為紅色和藍色曲線）以及增長率（分別為紅色和藍色柱狀），根據是兩國各自的官方統計。[10] 圖3.3表明，自2010年以來中國已經成為全球最大的商品貿易國。

---

7　　美國對全球的商品出口用船邊交貨價或船上交貨價計算為何沒有明顯差異，筆者無法解釋。

8　　國際貨幣基金組織與各國對特定項目的統計存在微小差異，例如金條的進出口。但可以認為此類差異不足以造成實質性的影響。

9　　對於某些年份美國對中國的出口以成本加運費和保險費計算與海關基數計算為何沒有明顯差異，筆者也無法予以解釋。

10　基礎數據見本章附錄的附表A3.1和A3.2。

表3.2　美國的官方進口統計數據和國際貨幣基金組織數據的對比
（單位：百萬美元）

| 年 | 美國從世界商品進口（海關口徑） | 美國從世界商品進口（c.i.f.） | 美國對世界商品出口c.i.f./海關口徑比例 | 美國從中國商品進口（海關口徑） | 美國從中國商品進口（c.i.f.） | 美國對中國商品出口c.i.f./海關口徑比例 |
|---|---|---|---|---|---|---|
| 1985 | | 352,463 | | 3,862 | 4,224 | 1.094 |
| 1986 | | 382,294 | | 4,771 | 5,241 | 1.098 |
| 1987 | | 424,443 | | 6,294 | 6,910 | 1.098 |
| 1988 | | 459,543 | | 8,511 | 9,261 | 1.088 |
| 1989 | 473,217 | 492,922 | 1.042 | 11,990 | 12,901 | 1.076 |
| 1990 | 495,300 | 516,987 | 1.044 | 15,237 | 16,296 | 1.069 |
| 1991 | 488,440 | 508,363 | 1.041 | 18,969 | 20,305 | 1.070 |
| 1992 | 532,665 | 553,923 | 1.040 | 25,728 | 27,413 | 1.065 |
| 1993 | 580,658 | 603,438 | 1.039 | 31,540 | 33,513 | 1.063 |
| 1994 | 663,255 | 689,215 | 1.039 | 38,787 | 41,362 | 1.066 |
| 1995 | 743,542 | 770,852 | 1.037 | 45,543 | 48,521 | 1.065 |
| 1996 | 795,291 | 822,025 | 1.034 | 51,513 | 54,409 | 1.056 |
| 1997 | 869,704 | 899,020 | 1.034 | 62,558 | 65,832 | 1.052 |
| 1998 | 911,898 | 944,353 | 1.036 | 71,169 | 75,109 | 1.055 |
| 1999 | 1,024,617 | 1,059,435 | 1.034 | 81,788 | 86,481 | 1.057 |
| 2000 | 1,218,021 | 1,259,297 | 1.034 | 100,018 | 106,215 | 1.062 |
| 2001 | 1,140,999 | 1,179,177 | 1.033 | 102,278 | 109,392 | 1.070 |
| 2002 | 1,161,365 | 1,200,227 | 1.033 | 125,193 | 133,490 | 1.066 |
| 2003 | 1,257,121 | 1,303,050 | 1.037 | 152,436 | 163,255 | 1.071 |
| 2004 | 1,469,705 | 1,525,516 | 1.038 | 196,682 | 210,526 | 1.070 |
| 2005 | 1,673,454 | 1,735,061 | 1.037 | 243,470 | 259,838 | 1.067 |
| 2006 | 1,853,938 | 1,918,077 | 1.035 | 287,774 | 305,788 | 1.063 |
| 2007 | 1,956,961 | 2,020,403 | 1.032 | 321,443 | 340,118 | 1.058 |
| 2008 | 2,103,640 | 2,169,487 | 1.031 | 337,773 | 356,319 | 1.055 |
| 2009 | 1,559,625 | 1,605,296 | 1.029 | 296,374 | 309,558 | 1.044 |
| 2010 | 1,913,856 | 1,969,884 | 1.029 | 364,953 | 382,983 | 1.049 |
| 2011 | 2,207,955 | 2,266,024 | 1.026 | 399,371 | 399,371 | 1.000 |
| 2012 | 2,276,268 | 2,336,485 | 1.026 | 425,619 | 425,619 | 1.000 |
| 2013 | 2,267,988 | 2,328,507 | 1.027 | 440,430 | 440,434 | 1.000 |
| 2014 | 2,356,356 | 2,421,330 | 1.028 | 468,475 | 466,754 | 0.996 |
| 2015 | 2,248,810 | 2,315,889 | 1.030 | 483,202 | 481,881 | 0.997 |
| 2016 | 2,187,599 | 2,249,944 | 1.028 | 462,542 | 462,813 | 1.001 |
| 2017 | 2,341,964 | 2,408,476 | 1.028 | 505,470 | 505,597 | 1.000 |

資料來源：美國人口普查局、國際貨幣基金組織。

圖3.3　　商品貿易額及年增長率：中國與美國的比較

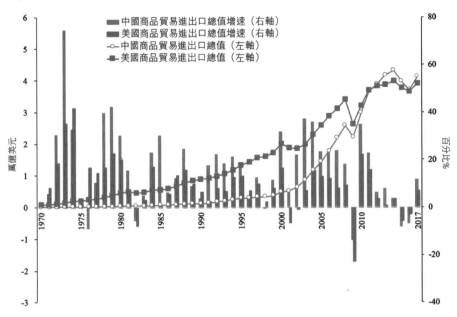

資料來源：中國國家統計局、美國人口普查局、美國經濟分析局。

　　圖3.4顯示的是中國和美國各自的年度服務貿易額（分別為紅色和藍色曲線）以及增長率（分別為紅色和藍色柱狀），根據是兩國各自的官方統計。[11] 圖3.4表明，美國的國際服務貿易量遠遠超過中國。事實上，美國在當今世界一直並依然是最大的服務貿易國。

　　圖3.5顯示的是中國和美國對全球的貿易順差或逆差的年度水平（分別為紅線和藍線），包括商品和服務貿易、商品貿易、服務貿易等幾項，根據是兩國各自的官方統計。[12] 圖3.5表明，中國自1990年以來一直與世界其他國家維持著較大的貿易順差，而遠

11　基礎數據見本章附錄的附表A3.1和A3.2。

12　同上註。

**圖3.4　服務貿易額及年增長率：中國與美國的比較**

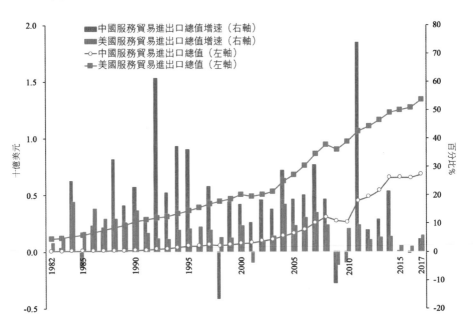

資料來源：中國國家統計局、美國人口普查局、美國經濟分析局。

在中國改革開放前，美國自1976年起就與世界其他國家出現商品和服務貿易逆差，且規模持續擴大。此外，美國同全球的貿易逆差（2017年為5,400億美元）遠超過中國同全球的貿易順差（1,540億美元），中國同全球的貿易順差不到美國的貿易逆差的30%。不過，美國在服務貿易上一直維持著對全球的較大順差，2017年達到2,550億美元，同樣遠超過中國的商品和服務貿易順差。

圖3.6顯示的是中國和美國對全球的年貿易順差或逆差佔各自GDP的百分比（分別為紅線和藍線），包括商品和服務貿易、商品貿易、服務貿易等幾項，根據是兩國各自的官方統計。該圖表明，中國的貿易順差佔GDP的百分比於2006年達到峰值7.3%，

圖3.5　商品和服務貿易、商品貿易、服務貿易等各項對全球的貿易
　　　　順差或逆差：中國與美國的比較

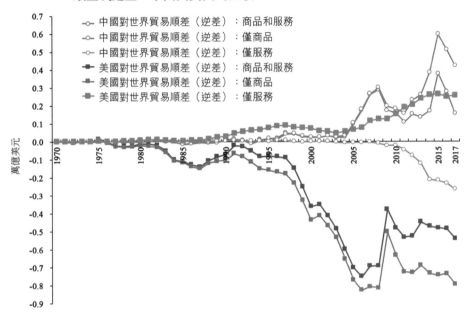

資料來源：中國國家統計局、美國人口普查局、美國經濟分析局。

此後已大幅下滑至2017年的1.3%。美國對全球的商品和服務貿易
自1976年以來一直維持著逆差，在1976年佔GDP的0.09%，到
2006年的最高點達到5.58%。這其實是兩個國家的投資—儲蓄平
衡狀況的反映，即中國的儲蓄超過國內投資，美國的儲蓄少於國
內投資。近期來看，美國的總貿易逆差維持在略低於GDP的3%
的水平。

圖3.6　　商品和服務貿易、商品貿易、服務貿易等各項對全球的貿易
　　　　　順差或逆差佔各自GDP的百分比：中國與美國的比較

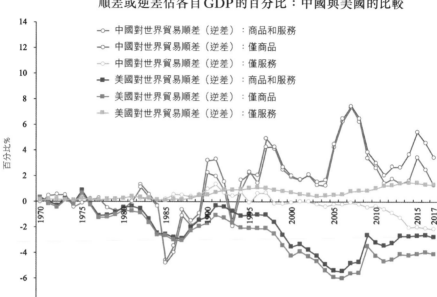

資料來源：中國國家統計局、美國人口普查局、美國經濟分析局。

## 對中國和美國的中美貿易官方統計數據的梳理

中美之間的貿易自1978年中國啟動改革開放後出現跳躍式發展。
圖3.7顯示的是美國對中國的商品和服務的出口與進口、商品的出
口與進口，以及相應的雙邊貿易差額，根據是美國的官方統計。
本章附錄中的附表A3.3顯示的是美國對中國的商品和服務的出口
與進口的美國官方統計數據。圖3.7表明，按美國的官方統計，
2017年美國對中國的商品貿易有3,756億美元的逆差，服務貿易
有402億美元的順差。按美國的官方統計，商品和服務貿易合併
計算，2017年美國對中國的貿易逆差為3,354億美元。
　　圖3.8顯示的是中國對美國的商品和服務的出口與進口、商品

圖3.7　商品和服務的出口與進口、商品的出口與進口、相應的雙邊
　　　貿易差額：中國與美國的比較

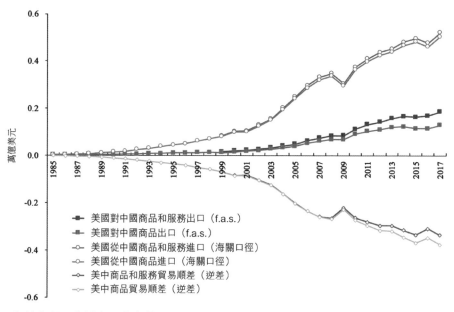

資料來源：美國人口普查局。

的出口與進口，以及相應的雙邊貿易差額，根據是中國的官方統計。該圖表明，按中國的官方統計，2017年中國對美國的商品貿易有2,780億美元的順差，服務貿易有550億美元的逆差。[13] 商品和服務貿易合併計算，中國對美國的貿易順差按中方統計為2,230億美元，遠遠小於美國官方統計的3,350億美元。附表A3.4顯示的是中國對美國的商品和服務的出口與進口的中國官方統計數據。圖3.7和3.8都證實了這段歷史事實，即中美雙邊貿易自1990

---

13　中國通常不公佈雙邊服務貿易的數據。關於中美服務貿易的數據部分來自插值和拼接。可參閱：Xikang Chen, Lawrence J. Lau, Junjie Tang and Yanyan Xiong, 2018。

圖3.8　商品和服務的出口與進口、商品的出口與進口、相應的雙邊
　　　　貿易差額：中國與美國的比較

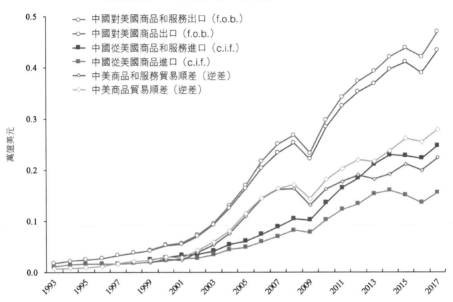

資料來源：中國國家統計局。2007–2015 年的中國對美國的服務出口和中國從美國的服務進口來自以下文獻：Xikang Chen, Lawrence J. Lau, Junjie Tang and Yanyan Xiong, 2018。

年代早期以來出現極為迅猛的增長，尤其是在2001年中國加入世界貿易組織後，中國獲得了巨額貿易順差。

　　圖3.9展示的是，根據中國和美國官方統計數據分別計算的中美雙邊貿易的年度水平及貿易差額。該圖表明，中美對於雙邊貿易水平及貿易差額的官方估計存在很大差距。按中國的官方統計，2017年的中美商品和服務貿易順差為2,230億美元。而按美國的官方統計，則為3,350億美元，差距達50%以上。

　　中美兩國對雙邊服務貿易的官方統計同樣存在較大差額。例如在2016年，美國統計的對中國的服務出口為550億美元，而中

圖3.9　商品和服務貿易水平及雙邊貿易差額：中國與美國的比較

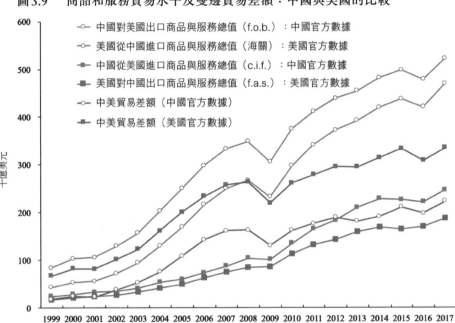

資料來源：中國國家統計局、美國人口普查局。

國統計的從美國的服務進口為870億美元。中國統計的對美國的
服務出口為310億美元，而美國統計的從中國的服務進口僅為160
億美元。服務貿易額比商品貿易額更難測算，因為並不必須通過
海關。此外，各國的計算標準也可能差異懸殊。某些服務費用追
蹤較容易，如版稅和許可費、專業服務費、通信和運輸費等。而
教育和旅遊支出等其他服務費用，統計的難度就大得多。圖3.10
顯示的是中美雙邊服務貿易的年度水平和貿易差額，根據中美雙
方各自的官方統計。該圖表明，中美對於雙邊服務貿易總額及貿
易差額的官方估計存在很大差異。然而自2007年以來，美國對中
國的服務貿易存在較大而且增長的順差，則毫無疑問。

圖3.10　服務貿易水平及貿易差額：中國與美國的比較

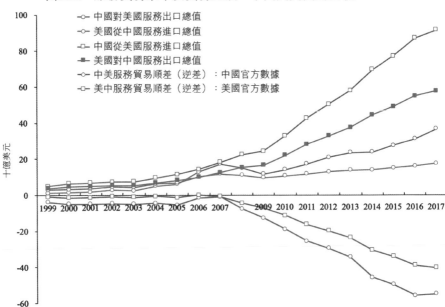

資料來源：Xikang Chen, Lawrence J. Lau, Junjie Tang and Yanyan Xiong, 2018。

## 對中國和美國關於雙邊貿易的官方統計的調整

以上分析表明，中國和美國對雙邊商品貿易差額以及商品和服務貿易差額的官方統計存在顯著差異。筆者現在嘗試對兩國官方統計的差距加以調和，這些差距源自多方面的因素。[14]第一，長期形成的國際慣例是，出口商品用船上交貨價計算，進口商品用成本加保險費和運費計算，[15]這意味著進口國統計的進口商品的價值總是不同於、並幾乎總是高於出口國在同一批商品離港時統計

---

14　可參閱有關文獻，如：K. C. Fung, L. J. Lau and Yanyan Xiong, 2006, pp. 299–314。
15　美國用船邊交貨價來計算出口，用海關基數來計算進口。

的價值，因為進口商品的價值計算中不僅包括其成本，還有保險費和運費。如果兩個國家相互之間統計的船上交貨價出口價值恰好相同，則它們都會表現出對於對方的貿易逆差。因此，對於發現雙邊赤字以及與世界其他地區的整體赤字存在一種「內置的」偏差。由於一個國家的出口必然等於另一個國家的進口，全球總出口應該恰好等於全球總進口，但事實並非如此，全球的總進口始終高於全球的總出口，因為在計算出口和進口時採用了不同的慣例。

於是，中國官方統計的中國對美國的商品出口幾乎總是少於美國官方統計的美國從中國的進口，反之亦然。因此筆者建議，在計算雙邊貿易差額時，要完全採用基於船上交貨價計算出的出口數據，以避免採用船上交貨價計算出口、又採用成本加保險費和運費計算進口所導致的內在偏差。無論如何，保險費和運費都可以也應該納入服務貿易來考慮。[16] 幸運的是，雖然美國的官方統計是以船邊交貨價來報告美國的出口，但它向國際貨幣基金組織報告的出口數據則是以船上交貨價計算，因此我們可以直接採用國際貨幣基金組織公佈的美國出口數據。

第二，中國官方統計的中國對美國的商品出口只包含對美國的直接出口，不含通過香港或其他第三國或地區的再出口，而美國官方統計的美國從中國的進口則包含通過香港的再出口，因為美方在統計進口時採用了原產地規則。與之相似，美國官方統計的美國對中國的出口不包含通過第三國或地區再出口到中國的商品。此外可能還有些通過第三國的再出口未納入出口國的統計，

---

16　事實上，保險和運輸完全可以由第三國的供應商提供，並不見得要依賴商品出口國。

但納入了進口國的統計。由於轉移定價和規避關稅，還可能出現估值方面的問題。因此必須把通過香港的再出口加入中美兩國的直接出口數據中，按照中國的船上交貨價或美國的港口基數加以換算。[17]

第三，重要性愈益凸顯的中美之間的服務貿易經常未被納入貿易差額計算，部分是因為缺乏公開的雙邊服務貿易數據。[18]美國在服務貿易領域對中國有持續、大額且不斷增長的順差，所以把服務貿易納入考慮會縮小美中的雙邊貿易總逆差。此外，服務貿易在進口國計算可能比在出口國計算更為可靠，因為進口國必須向出口國的服務供應商付款，這些款項更適合在進口國追蹤。因此更好的辦法是用美國的服務進口數據來計算中國對美國的服務出口，用中國的服務進口數據來計算美國對中國的服務出口。

聖克魯茲加州大學的馮國釗教授與我最早嘗試對中國和美國的官方統計的差異加以調和。[19]對1995年，美國官方對中美貿易順差的估計值338億美元可以下調到233億美元，降幅超過30%。中國的前任總理朱鎔基曾利用我們的研究（Fung and Lau 1996, 1998）來說明，美中貿易逆差並沒有美國官方統計那麼大。從上文對中美官方統計的對比來看，雙方依然存在較大差異。接下來我們將嘗試對中美的雙邊貿易統計數據進行重組，對兩國雙邊貿易的官方統計的差異加以調整。

首先，筆者把兩國的商品貿易的計算進行統一，只根據出口

---

17　筆者早年對中美貿易差額的有關研究（Fung and Lau, 1996, 1998）也考慮了通過香港的再出口的影響。相信這一因素在今天已不再那麼重要了。

18　美國對中美雙邊服務貿易有公開的官方數據。但中國沒有這方面的連續的時間序列數據。筆者參與的一項研究試圖根據中國偶爾發佈的數據來測算中美的雙邊服務貿易（Xikang Chen, Lawrence J. Lau, Junjie Tang and Yanyan Xiong, 2018）。

19　參閱：Fung and Lau, 1998。

表3.3 根據出口國的船上交貨價數據計算的美中商品貿易逆差
（單位：百萬美元）

| 年 | 中國對美國商品出口 (f.o.b.) | 美國對中國商品出口 (f.o.b.) | 美中商品貿易順差 (逆差)：美國官方數據 | 中美商品貿易順差 (逆差)：中國官方數據 | 中美商品貿易差額 (f.o.b.)：基於出口數據 |
|---|---|---|---|---|---|
| 1985 | | 3,938 | 6 | | |
| 1986 | | 3,176 | 1,665 | | |
| 1987 | | 3,574 | 2,796 | | |
| 1988 | | 5,121 | 3,489 | | |
| 1989 | | 5,865 | 6,234 | | |
| 1990 | | 4,903 | 10,431 | | |
| 1991 | | 6,394 | 12,691 | | |
| 1992 | | 7,548 | 18,309 | | |
| 1993 | 16,969 | 8,908 | 22,777 | 6,336 | 8,061 |
| 1994 | 21,408 | 9,432 | 29,505 | 7,431 | 11,975 |
| 1995 | 24,729 | 11,928 | 33,790 | 8,606 | 12,800 |
| 1996 | 26,708 | 12,169 | 39,520 | 10,529 | 14,539 |
| 1997 | 32,718 | 13,047 | 49,696 | 16,429 | 19,672 |
| 1998 | 37,965 | 14,437 | 56,927 | 20,968 | 23,528 |
| 1999 | 42,018 | 13,298 | 68,677 | 22,532 | 28,721 |
| 2000 | 52,142 | 16,396 | 83,833 | 29,777 | 35,746 |
| 2001 | 54,319 | 19,413 | 83,096 | 28,115 | 34,906 |
| 2002 | 69,959 | 22,375 | 103,065 | 42,732 | 47,584 |
| 2003 | 92,510 | 28,645 | 124,068 | 58,627 | 63,865 |
| 2004 | 124,973 | 34,833 | 162,254 | 80,321 | 90,140 |
| 2005 | 162,939 | 41,873 | 202,278 | 114,204 | 121,066 |
| 2006 | 203,516 | 54,812 | 234,101 | 144,293 | 148,704 |
| 2007 | 232,761 | 64,314 | 258,506 | 162,901 | 168,447 |
| 2008 | 252,327 | 71,346 | 268,040 | 170,829 | 180,981 |
| 2009 | 220,905 | 70,637 | 226,877 | 143,444 | 150,268 |
| 2010 | 283,375 | 93,059 | 273,042 | 181,314 | 190,316 |
| 2011 | 324,565 | 105,445 | 295,250 | 202,420 | 219,120 |
| 2012 | 352,000 | 111,855 | 315,102 | 219,122 | 240,145 |
| 2013 | 368,481 | 122,852 | 318,684 | 215,928 | 245,629 |
| 2014 | 396,147 | 124,729 | 344,818 | 236,960 | 271,418 |
| 2015 | 410,145 | 116,505 | 367,328 | 260,364 | 293,640 |
| 2016 | 389,113 | 115,942 | 346,996 | 253,988 | 273,171 |
| 2017 | 433,146 | 130,377 | 375,576 | 277,969 | 302,769 |

資料來源：中國國家統計局、美國人口普查局、國際貨幣基金組織。

國的數據，以船上交貨價來計算出口。結果展示在表3.3中。通過這一調整，2017年的美中商品貿易逆差估計為3,030億美元，介於美國的官方估計3,760億美元和中國的官方估計2,780億美元之間。

　　其次，筆者考慮把經由香港的再出口納入——包括中國商品向美國再出口和美國商品向中國再出口。香港政府統計處提供了根據香港船上交貨價計算的再出口數據，但在加入中國和美國的出口數據前，需要分別換算為中國港口的船上交貨價和美國港口的船上交貨價。這裡假設中國出口的中國港口船上交貨價與香港船上交貨價之比為100/105，美國出口的美國港口船上交貨價與香港船上交貨價之比為100/110。[20] 計算結果展示在表3.4中。經過對再出口的調整，筆者估計的2017年美中商品貿易逆差增加至3,280億美元，依然介於美國官方估計與中國官方估計之間。這是因為經過香港向美國的再出口多於向中國的再出口。

　　第三，筆者將服務貿易納入考慮。如前文所述，兩國對服務貿易的官方統計數據也存在明顯差異。筆者基於進口國的數據，將結果展示在表3.5中。把美國有大額順差的服務貿易納入之後，對2017年美中商品和服務貿易逆差的估計約為2,540億美元，[21] 比僅包含商品貿易的美國官方估計（3,760億美元）和中國官方估計（2,780億美元）都更低。美國對中國的服務出口潛力在未來還將持續快速增長，除非受到貿易戰的影響。

---

20　給中國出口設置的「折扣」較低，因為中國商品運往香港的保險費和運費低於美國商品運往香港的保險費和運費。這裡假設，前者為再出口價值的5%，後者為10%。

21　對2016年，中國官方估計對美國的服務出口為312億美元，而美國官方估計的來自中國的服務進口為160億美元。對2017年的雙邊服務貿易沒有官方發佈的數據。但如果我們假設中國官方對服務出口的估計值更可靠，將其作為數據來源，那麼對美中貿易逆差的估計結果將調整為2,700億美元左右。

表3.4　根據出口國船上交貨價和再出口調整後的美中貿易逆差估計
（單位：百萬美元）

| 年 | 中國對美國商品出口：直接貿易 (f.o.b.) | 美國對中國商品出口：直接貿易 (f.o.b.) | 中國對美國商品出口：經香港轉口貿易（香港）f.o.b. | 中國對美國商品出口：經香港轉口貿易（中國大陸）f.o.b. | 美國對中國商品出口：經香港轉口貿易（香港）(f.o.b.) | 美國對中國商品出口：經香港轉口貿易（美國）f.o.b. | 中國對美國商品出口總值 (f.o.b.) | 美國對中國商品出口總值 (f.o.b.) | 中美商品貿易差額 (f.o.b. 基於出口資料且經轉口貿易調整) |
|---|---|---|---|---|---|---|---|---|---|
| 1993 | 16,969 | 8,908 | 21,759 | 20,723 | 3,179 | 2,890 | 37,691 | 11,798 | 25,894 |
| 1994 | 21,408 | 9,432 | 25,333 | 24,127 | 3,710 | 3,372 | 45,534 | 12,805 | 32,730 |
| 1995 | 24,729 | 11,928 | 27,604 | 26,290 | 4,983 | 4,530 | 51,018 | 16,458 | 34,560 |
| 1996 | 26,708 | 12,169 | 29,224 | 27,833 | 5,868 | 5,335 | 54,541 | 17,504 | 37,037 |
| 1997 | 32,718 | 13,047 | 31,289 | 29,799 | 5,964 | 5,422 | 62,517 | 18,468 | 44,049 |
| 1998 | 37,965 | 14,437 | 30,894 | 29,423 | 5,288 | 4,808 | 67,388 | 19,245 | 48,144 |
| 1999 | 42,018 | 13,298 | 32,038 | 30,513 | 5,377 | 4,888 | 72,531 | 18,185 | 54,345 |
| 2000 | 52,142 | 16,396 | 36,484 | 34,747 | 6,113 | 5,557 | 86,889 | 21,953 | 64,936 |
| 2001 | 54,319 | 19,413 | 33,286 | 31,701 | 6,470 | 5,882 | 86,020 | 25,295 | 60,725 |
| 2002 | 69,959 | 22,375 | 34,337 | 32,702 | 6,206 | 5,641 | 102,662 | 28,017 | 74,645 |
| 2003 | 92,510 | 28,645 | 33,453 | 31,860 | 6,243 | 5,675 | 124,371 | 34,320 | 90,050 |
| 2004 | 124,973 | 34,833 | 35,534 | 33,842 | 5,789 | 5,262 | 158,816 | 40,095 | 118,721 |
| 2005 | 162,939 | 41,873 | 38,309 | 36,485 | 6,030 | 5,482 | 199,423 | 47,355 | 152,068 |
| 2006 | 203,516 | 54,812 | 40,127 | 38,216 | 6,524 | 5,931 | 241,733 | 60,743 | 180,990 |
| 2007 | 232,761 | 64,314 | 40,351 | 38,429 | 6,909 | 6,281 | 271,190 | 70,595 | 200,596 |
| 2008 | 252,327 | 71,346 | 39,768 | 37,874 | 8,099 | 7,363 | 290,201 | 78,709 | 211,492 |
| 2009 | 220,905 | 70,637 | 32,731 | 31,172 | 7,143 | 6,493 | 252,077 | 77,130 | 174,946 |
| 2010 | 283,375 | 93,059 | 37,678 | 35,884 | 8,630 | 7,845 | 319,259 | 100,904 | 218,355 |
| 2011 | 324,565 | 105,445 | 37,136 | 35,368 | 9,350 | 8,500 | 359,933 | 113,945 | 245,988 |
| 2012 | 352,000 | 111,855 | 38,397 | 36,569 | 9,496 | 8,633 | 388,569 | 120,488 | 268,080 |
| 2013 | 368,481 | 122,852 | 36,949 | 35,189 | 10,841 | 9,856 | 403,670 | 132,708 | 270,962 |
| 2014 | 396,147 | 124,729 | 37,774 | 35,975 | 11,374 | 10,340 | 432,123 | 135,069 | 297,054 |
| 2015 | 410,145 | 116,505 | 38,129 | 36,314 | 9,326 | 8,478 | 446,459 | 124,983 | 321,476 |
| 2016 | 389,113 | 115,942 | 35,678 | 33,979 | 9,430 | 8,573 | 423,092 | 124,515 | 298,577 |
| 2017 | 433,146 | 130,377 | 35,595 | 33,900 | 9,388 | 8,535 | 467,046 | 138,912 | 328,135 |

資料來源：中國國家統計局、美國人口普查局、香港政府統計處、國際貨幣基金組織。紅色的數字來自：Xikang Chen, Lawrence J. Lau, Junjie Tang and Yanyan Xiong, 2018。

　　表3.5顯示，對2017年中美商品和服務貿易差額的「無偏」[22]估計值約為2,540億美元。按美國官方統計的美中商品貿易逆差為3,760億美元，而中國官方的統計為2,780億美元。如果只採用商品出口的數據，則美中商品貿易逆差可以估計為3,030億美元。將通過香港轉向中國和美國的再出口都納入，則美中貿易逆差可以估計為3,280億美元（見表3.4）。如果再納入服務貿易（根據服務進口數據來計算），則2017年美中貿易逆差可以估計為2,540億美元，大大低於經常提及的3,760億美元，當然依舊是個很巨大的數額。

　　不過，美中服務貿易統計中沒有完全包含向蘋果、高通等美國公司在第三國的附屬或分支機構支付的版權費和許可費等。這些是美國機構應得的收入，卻被登記在愛爾蘭或荷蘭等第三國。此類付款的具體數額目前沒有公開資料，但應該是相當大的。因此，美中的商品和服務貿易逆差的真實水平（在調整為以增加值為基礎之前）或許不超過每年2,500億美元，確實依舊是個很大的數字。

　　在圖3.11中，用三條曲線展示了筆者對美中商品和服務貿易逆差、商品貿易逆差和服務貿易逆差的重新估計。很明顯，雖然美國在商品貿易上對中國有很大逆差，卻在服務貿易上對中國有較大順差。在完成上述的所有恰當調整後，美中商品和服務貿易總逆差在2017年估計為2,540億美元。

---

22　這裡使用「無偏」一詞，是因為傳統上是用船上交貨價計算出口，用成本加保險費和運費計算進口，會造成出現逆差的偏差。筆者只採用船上交貨價計算的進口數據，消除了這一偏差的影響。

表3.5　對美中商品和服務貿易逆差的估計：根據商品出口（包括經由香港的再出口）和服務進口（單位：百萬美元）

| 年 | 中國對美國商品出口：直接貿易(f.o.b.) | 美國對中國商品出口：直接貿易(f.o.b.) | 中國對美國商品出口：經香港轉口貿易(中國大陸f.o.b.) | 美國對中國商品出口：經香港轉口貿易(美國f.o.b.) | 中國對美國商品出口總值(f.o.b.) | 美國對中國商品出口總值(f.o.b.) | 美國從中國服務進口(美國官方數據) | 中國從美國服務進口(中國官方數據) | 重新估算的貿易差額(基於商品出口資料和服務進口數據，且經轉口貿易調整) |
|---|---|---|---|---|---|---|---|---|---|
| 1999 | 42,018 | 13,298 | 30,513 | 4,888 | 72,531 | 18,185 | 2,810 | 4,965 | 52,190 |
| 2000 | 52,142 | 16,396 | 34,747 | 5,557 | 86,889 | 21,953 | 3,297 | 6,450 | 61,783 |
| 2001 | 54,319 | 19,413 | 31,701 | 5,882 | 86,020 | 25,295 | 3,676 | 6,832 | 57,569 |
| 2002 | 69,959 | 22,375 | 32,702 | 5,641 | 102,662 | 28,017 | 4,607 | 7,462 | 71,790 |
| 2003 | 92,510 | 28,645 | 31,860 | 5,675 | 124,371 | 34,320 | 4,355 | 7,544 | 86,861 |
| 2004 | 124,973 | 34,833 | 33,842 | 5,262 | 158,816 | 40,095 | 6,308 | 9,624 | 115,404 |
| 2005 | 162,939 | 41,873 | 36,485 | 5,482 | 199,423 | 47,355 | 6,942 | 11,610 | 147,400 |
| 2006 | 203,516 | 54,812 | 38,216 | 5,931 | 241,733 | 60,743 | 10,177 | 14,400 | 176,767 |
| 2007 | 232,761 | 64,314 | 38,429 | 6,281 | 271,190 | 70,595 | 11,803 | 18,276 | 194,122 |
| 2008 | 252,327 | 71,346 | 37,874 | 7,363 | 290,201 | 78,709 | 10,946 | 22,466 | 199,972 |
| 2009 | 220,905 | 70,637 | 31,172 | 6,493 | 252,077 | 77,130 | 9,607 | 24,370 | 160,183 |
| 2010 | 283,375 | 93,059 | 35,884 | 7,845 | 319,259 | 100,904 | 10,637 | 33,048 | 195,944 |
| 2011 | 324,565 | 105,445 | 35,368 | 8,500 | 359,933 | 113,945 | 11,785 | 42,761 | 215,011 |
| 2012 | 352,000 | 111,855 | 36,569 | 8,633 | 388,569 | 120,488 | 13,015 | 50,441 | 230,654 |
| 2013 | 368,481 | 122,852 | 35,189 | 9,856 | 403,670 | 132,708 | 13,861 | 58,026 | 226,798 |
| 2014 | 396,147 | 124,729 | 35,975 | 10,340 | 432,123 | 135,069 | 13,968 | 69,626 | 241,396 |
| 2015 | 410,145 | 116,505 | 36,314 | 8,478 | 446,459 | 124,983 | 14,987 | 77,028 | 259,435 |
| 2016 | 389,113 | 115,942 | 33,979 | 8,573 | 423,092 | 124,515 | 16,032 | 86,900 | 227,709 |
| 2017 | 433,146 | 130,377 | 33,900 | 8,535 | 467,046 | 138,912 | 17,419 | 91,407 | 254,147 |

資料來源：表3.4、附表A3.3、附表A3.4。紅色的數字來自：Xikang Chen, Lawrence J. Lau, Junjie Tang and Yanyan Xiong, 2018。

圖3.11　調整後的雙邊商品和服務貿易、商品貿易、服務貿易差額：
　　　　中國與美國的比較

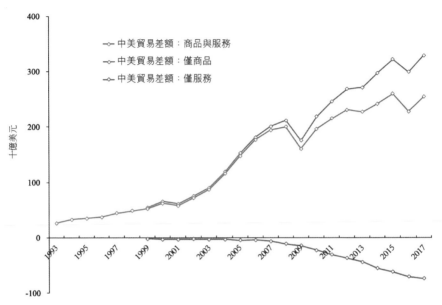

資料來源：附表A3.3、附表A3.4。缺乏1999年之前的雙邊服務貿易的公開數
據。

## 以增加值計算的中美雙邊貿易順差

在前文中，筆者對美中貿易逆差的討論都是基於出口總價值。但
最終，基於每個國家的商品和服務出口總價值而計算的最精確的
貿易差額，也不是反映各國從雙邊貿易中獲得的相對收益的可靠
指標。出口給某個經濟體帶來的實際收益是其創造的國內增加值
（GDP）和就業，而非總價值。在服務出口中，國內增加值佔比
通常接近100%，例如在美國留學的外國學生的所有支出（包括學

費和食宿）都會形成美國的國內增加值。[23] 因此更恰當的反映雙方相對收益的指標是用增加值（而非總價值）計算的貿易差額。國內增加值反映著出口商品的生產在出口國真正創造的GDP，它與出口商品的總價值可能存在很大差距。例如蘋果公司的iPhone手機在中國製造，中國的國內增加值在其總價值中的佔比不足5%。

中國科學院的陳錫康教授與筆者及其他合作者採用了一個新方法來分析中國對美國的出口及美國對中國的出口各自產生的國內增加值和就業。[24] 2015年，中國對美國的商品出口中的國內增加值佔比平均約為24.8%，[25] 美國對中國的商品出口中的相應水平約為50.8%。[26] 在表3.6中，筆者採用這些參數計算出了中美相互出口中的國內增加值，並用直接增加值計算了美中商品貿易逆差。由於服務出口幾乎都是增加值，可以直接加上商品出口的增加值，得到用增加值計算的中美商品和服務貿易逆差。結果發現，2017年的美中貿易逆差變成了美國方面有290億美元順差！[27] 這一結論初看似乎不可思議，其實要理解並不困難。例如2017年，中國對美國的出口（包括再出口，以船上交貨價計算）為4,670億美元，乘以國內增加值係數0.248，得到的直接國內增加值估計數為1,160億美元。美國對中國的出口（包括再出口，以船上交貨價計算）為1,390億美元，乘以國內增加值係

---

23　當然，學生偶爾也可能需要購買外國書籍。

24　參閱：劉遵義、陳錫康、楊翠紅、鄭國漢、馮國釗、宋恩榮、祝坤福、裴建鎮、唐志鵬，2007年，第91–103頁。該論文隨後被譯為英文並發表：Lawrence J. Lau, Xikang Chen, Cuihong Yang, Leonard K. Cheng, Kwok-Chiu Fung, Yun-Wing Sung, Kunfu Zhu, Jiansuo Pei and Zhipeng Tang, 2010, pp. 35–54。

25　陳錫康、王會娟，2016；表2.2、2.4。

26　同上註；表2.6、2.8。

27　見Xikang Chen, Lawrence J. Lau, Junjie Tang and Yanyan Xiong, 2018。

**表3.6　以直接國內增加值計算，對中美貿易差額的重新估計**
**　　　（單位：百萬美元）**

| 年 | 中國對美國商品出口總值(f.o.b.) | 美國對中國商品出口總值(f.o.b.) | 中國對美國商品出口(直接增加值) | 美國對中國商品出口(直接增加值) | 美中商品貿易逆差(直接增加值) | 美國從中國服務進口 | 中國從美國服務進口 | 美中服務貿易逆差 | 美中商品與服務貿易逆差(直接增加值) |
|---|---|---|---|---|---|---|---|---|---|
| 2013 | 403,670 | 132,708 | 100,110 | 67,416 | -32,695 | 13,861 | 58,026 | 44,164 | 11,469 |
| 2014 | 432,123 | 135,069 | 107,166 | 68,615 | -38,551 | 13,968 | 69,626 | 55,658 | 17,107 |
| 2015 | 446,459 | 124,983 | 110,722 | 63,491 | -47,230 | 14,987 | 77,028 | 62,041 | 14,810 |
| 2016 | 423,092 | 124,515 | 104,927 | 63,254 | -41,673 | 16,032 | 86,900 | 70,868 | 29,195 |
| 2017 | 467,046 | 138,912 | 115,827 | 70,567 | -45,260 | 17,419 | 91,407 | 73,988 | 28,727 |

資料來源：表3.4、附表A3.3、附表A3.4。

數0.508，得到的直接國內增加值估計數為710億美元。於是以直接國內增加值計算的中國貿易順差只有450億美元。而美國在2017年的服務貿易順差（以出口數據計算）則為740億美元。由此可以得出，以直接國內增加值計算，美國對中國有290億美元的貿易順差。[28]

不過，以上只考慮了出口商品生產在某個經濟體中創造的直接國內增加值，而出口商品生產中使用的國內中間投入品的生產同樣會創造增加值——這被稱為第二輪效應。國內中間投入品生產中還會使用其他國內中間投入品，其生產又會創造增加值，由此帶來第三輪、第四輪乃至更多輪次的效應。如果把所有輪次都考慮進來，中國對美國的出口商品所包含的全部國內增加值（GDP）估計相當於出口價值的66%，[29] 美國對中國的出口商品中

28　如果假設中國對美國的服務出口估計數據更可靠，這一順差可能大致會減少150億美元，但以國內增加值計算，美國方面仍有約140億美元的順差。

29　陳錫康、王會娟，2016；表2.4。

表 3.7　以全部國內增加值計算，對中美貿易差額的重新估計
（單位：百萬美元）

| 年 | 中國對美國商品出口總值（f.o.b.） | 美國對中國商品出口總值（f.o.b.） | 中國對美國商品出口（總增加值） | 美國對中國商品出口（總增加值） | 美中商品貿易逆差（總增加值） | 美國從中國服務進口 | 中國從美國服務進口 | 美中服務貿易逆差 | 美中商品與服務貿易逆差（總增加值） |
|---|---|---|---|---|---|---|---|---|---|
| 2013 | 403,670 | 132,708 | 266,422 | 117,712 | 148,711 | 13,861 | 58,026 | 44,164 | 104,546 |
| 2014 | 432,123 | 135,069 | 285,201 | 119,806 | 165,395 | 13,968 | 69,626 | 55,658 | 109,737 |
| 2015 | 446,459 | 124,983 | 294,663 | 110,860 | 183,803 | 14,987 | 77,028 | 62,041 | 121,762 |
| 2016 | 423,092 | 124,515 | 279,241 | 110,445 | 168,796 | 16,032 | 86,900 | 70,868 | 97,928 |
| 2017 | 467,046 | 138,912 | 308,251 | 123,215 | 185,036 | 17,419 | 91,407 | 73,988 | 111,048 |

資料來源：表 3.4、附表 A3.3、附表 A3.4。

則為 88.7%。[30] 借助這些參數，筆者估算了以全部國內增加值計算的中美貿易差額，結果見表 3.7。其中顯示，以全部增加值計算的 2017 年美中商品和服務貿易逆差估計為 1,110 億美元。[31] 這個對中國有利的數字雖然依舊不小，但已遠低於經常提及的根據商品出口總價值計算的 3,760 億美元。另外，如果中美兩國能攜手合作，這個差距似乎有可能在幾年時間內縮小甚至消除。美國對中國的商品出口中的國內增加值佔比遠高於中國對美國的商品出口，尤其是中方有旺盛需求的農產品和能源產品（本書第 8 章還將就此展開討論）。

---

30　同上註；表 2.6、2.8。
31　若假設中國對美國的服務出口的估計更為可靠，那麼以全部國內增加值計算，逆差可能會增加 150 億美元左右，達到 1,250 億美元。

圖3.12　以全部國內增加值計算的商品和服務貿易差額、商品貿易差
　　　　　額、服務貿易差額：中國與美國的比較

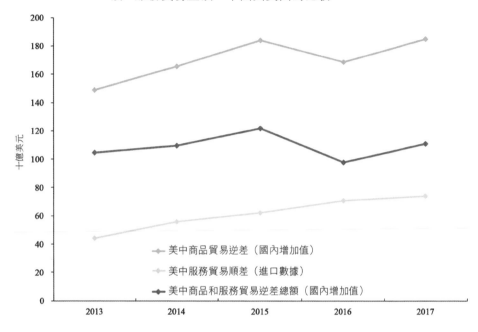

資料來源：表 3.6、3.7。

## 附錄

### 附表 A3.1　美國對全球的出口與進口、國際貿易總額、國際貿易順差或逆差(單位：百萬美元)

| 年 | 美國商品和服務出口總值 (f.a.s.) | 美國商品出口總值 (f.a.s.) | 美國服務出口總值 | 美國商品和服務進口總值 (海關口徑) | 美國商品進口總值 (海關口徑) |
|---|---|---|---|---|---|
| 1970 | 56,725 | 41,771 | 14,954 | 53,658 | 39,448 |
| 1971 | 59,940 | 42,870 | 17,070 | 60,037 | 44,973 |
| 1972 | 67,509 | 48,936 | 18,573 | 71,553 | 55,054 |
| 1973 | 90,895 | 71,069 | 19,825 | 88,003 | 69,542 |
| 1974 | 121,235 | 97,727 | 23,508 | 123,305 | 101,339 |
| 1975 | 132,998 | 106,412 | 26,586 | 118,689 | 95,964 |
| 1976 | 143,520 | 115,111 | 28,409 | 146,351 | 120,932 |
| 1977 | 153,149 | 121,819 | 31,330 | 176,845 | 148,230 |
| 1978 | 180,072 | 142,688 | 37,384 | 205,900 | 172,410 |
| 1979 | 222,385 | 179,105 | 43,280 | 245,348 | 206,956 |
| 1980 | 272,135 | 221,373 | 50,762 | 285,539 | 241,924 |
| 1981 | 296,325 | 235,886 | 60,438 | 308,916 | 260,738 |
| 1982 | 274,709 | 213,644 | 61,064 | 294,657 | 243,851 |
| 1983 | 268,658 | 205,311 | 63,347 | 319,535 | 265,494 |
| 1984 | 293,683 | 222,215 | 71,468 | 394,324 | 327,759 |
| 1985 | 294,567 | 218,489 | 76,078 | 406,182 | 334,590 |
| 1986 | 312,214 | 222,373 | 89,841 | 441,068 | 360,743 |
| 1987 | 354,525 | 255,900 | 98,625 | 495,768 | 404,587 |
| 1988 | 434,212 | 321,527 | 112,684 | 540,144 | 441,194 |
| 1989 | 493,354 | 363,817 | 129,537 | 576,453 | 473,217 |
| 1990 | 542,037 | 393,610 | 148,427 | 613,675 | 495,300 |
| 1991 | 586,155 | 421,710 | 164,445 | 607,962 | 488,440 |
| 1992 | 625,414 | 448,164 | 177,250 | 652,226 | 532,665 |
| 1993 | 651,008 | 465,092 | 185,916 | 704,433 | 580,658 |
| 1994 | 713,024 | 512,627 | 200,397 | 796,314 | 663,255 |
| 1995 | 803,923 | 584,743 | 219,180 | 884,938 | 743,542 |
| 1996 | 864,558 | 625,072 | 239,486 | 947,842 | 795,291 |
| 1997 | 945,274 | 689,183 | 256,091 | 1,035,636 | 869,704 |
| 1998 | 944,896 | 682,138 | 262,758 | 1,092,575 | 911,898 |
| 1999 | 967,140 | 695,798 | 271,342 | 1,217,508 | 1,024,617 |
| 2000 | 1,072,301 | 781,918 | 290,383 | 1,434,134 | 1,218,021 |
| 2001 | 1,003,422 | 729,099 | 274,323 | 1,354,462 | 1,140,999 |
| 2002 | 973,768 | 693,101 | 280,667 | 1,385,744 | 1,161,365 |
| 2003 | 1,014,744 | 724,770 | 289,974 | 1,499,342 | 1,257,121 |
| 2004 | 1,152,837 | 814,873 | 337,964 | 1,752,793 | 1,469,705 |
| 2005 | 1,274,088 | 901,081 | 373,007 | 1,977,903 | 1,673,454 |
| 2006 | 1,442,707 | 1,025,967 | 416,740 | 2,195,102 | 1,853,938 |
| 2007 | 1,636,596 | 1,148,198 | 488,398 | 2,329,534 | 1,956,961 |
| 2008 | 1,820,260 | 1,287,442 | 532,818 | 2,512,691 | 2,103,640 |
| 2009 | 1,568,763 | 1,056,043 | 512,720 | 1,946,428 | 1,559,625 |
| 2010 | 1,841,826 | 1,278,493 | 563,333 | 2,323,168 | 1,913,856 |
| 2011 | 2,110,289 | 1,482,507 | 627,782 | 2,643,714 | 2,207,955 |
| 2012 | 2,202,230 | 1,545,820 | 656,410 | 2,728,281 | 2,276,268 |
| 2013 | 2,279,972 | 1,578,517 | 701,455 | 2,729,075 | 2,267,988 |
| 2014 | 2,363,792 | 1,621,874 | 741,918 | 2,837,118 | 2,356,356 |
| 2015 | 2,258,638 | 1,503,329 | 755,309 | 2,740,776 | 2,248,810 |
| 2016 | 2,209,910 | 1,451,022 | 758,888 | 2,697,437 | 2,187,599 |
| 2017 | 2,343,964 | 1,546,274 | 797,690 | 2,884,434 | 2,341,964 |

資料來源：美國人口普查局、美國經濟分析局。紅色的數字是基於美國國民收入賬戶提供的出口數據，利用數據拼接技術估計得出。

| 美國服務進口<br>總值 | 美國商品和服務<br>進出口總值 | 美國商品和服務<br>貿易順差或逆差 | 美國商品貿易<br>順差或逆差 | 美國服務貿易<br>順差或逆差 |
|---|---|---|---|---|
| 14,210 | 110,383 | 3,067 | 2,323 | 744 |
| 15,064 | 119,977 | -97 | -2,103 | 2,006 |
| 16,500 | 139,063 | -4,044 | -6,118 | 2,074 |
| 18,461 | 178,898 | 2,892 | 1,528 | 1,364 |
| 21,967 | 244,540 | -2,071 | -3,612 | 1,541 |
| 22,726 | 251,687 | 14,308 | 10,448 | 3,860 |
| 25,419 | 289,872 | -2,831 | -5,821 | 2,990 |
| 28,615 | 329,994 | -23,697 | -26,411 | 2,714 |
| 33,490 | 385,972 | -25,828 | -29,722 | 3,894 |
| 38,392 | 467,733 | -22,963 | -27,851 | 4,888 |
| 43,615 | 557,674 | -13,404 | -20,551 | 7,147 |
| 48,178 | 605,241 | -12,591 | -24,852 | 12,261 |
| 50,806 | 569,366 | -19,949 | -30,207 | 10,258 |
| 54,041 | 588,193 | -50,878 | -60,183 | 9,305 |
| 66,565 | 688,007 | -100,640 | -105,543 | 4,903 |
| 71,592 | 700,749 | -111,614 | -116,101 | 4,487 |
| 80,325 | 753,282 | -128,853 | -138,369 | 9,516 |
| 91,181 | 850,293 | -141,243 | -148,687 | 7,444 |
| 98,950 | 974,356 | -105,932 | -119,667 | 13,734 |
| 103,237 | 1,069,807 | -83,099 | -109,400 | 26,300 |
| 118,375 | 1,155,712 | -71,638 | -101,690 | 30,052 |
| 119,522 | 1,194,117 | -21,807 | -66,730 | 44,923 |
| 119,561 | 1,277,640 | -26,812 | -84,501 | 57,689 |
| 123,775 | 1,355,441 | -53,425 | -115,566 | 62,141 |
| 133,059 | 1,509,338 | -83,290 | -150,628 | 67,338 |
| 141,396 | 1,688,861 | -81,015 | -158,799 | 77,784 |
| 152,551 | 1,812,400 | -83,284 | -170,219 | 86,935 |
| 165,932 | 1,980,910 | -90,362 | -180,521 | 90,159 |
| 180,677 | 2,037,471 | -147,679 | -229,760 | 82,081 |
| 192,891 | 2,184,648 | -250,368 | -328,819 | 78,451 |
| 216,113 | 2,506,435 | -361,833 | -436,103 | 74,270 |
| 213,463 | 2,357,884 | -351,040 | -411,900 | 60,860 |
| 224,379 | 2,359,512 | -411,976 | -468,264 | 56,288 |
| 242,221 | 2,514,086 | -484,598 | -532,351 | 47,753 |
| 283,088 | 2,905,630 | -599,956 | -654,832 | 54,876 |
| 304,449 | 3,251,991 | -703,815 | -772,373 | 68,558 |
| 341,164 | 3,637,809 | -752,395 | -827,971 | 75,576 |
| 372,573 | 3,966,130 | -692,938 | -808,763 | 115,825 |
| 409,051 | 4,332,951 | -692,431 | -816,198 | 123,767 |
| 386,803 | 3,515,191 | -377,665 | -503,582 | 125,917 |
| 409,312 | 4,164,994 | -481,342 | -635,363 | 154,021 |
| 435,759 | 4,754,003 | -533,425 | -725,448 | 192,023 |
| 452,013 | 4,930,511 | -526,051 | -730,448 | 204,397 |
| 461,087 | 5,009,047 | -449,103 | -689,471 | 240,368 |
| 480,762 | 5,200,910 | -473,326 | -734,482 | 261,156 |
| 491,966 | 4,999,414 | -482,138 | -745,481 | 263,343 |
| 509,838 | 4,907,347 | -487,527 | -736,577 | 249,050 |
| 542,470 | 5,228,398 | -540,470 | -795,690 | 255,220 |

**附表 A3.2　中國對全球的出口與進口、國際貿易總額、國際貿易順差或逆差（單位：百萬美元）**

| 年 | 中國商品和服務出口總值 (f.o.b.) | 中國商品出口總值 (f.o.b.) | 中國服務出口總值 | 中國商品和服務進口總值 (c.i.f.) | 中國商品進口總值 (c.i.f.) |
|---|---|---|---|---|---|
| 1970 | | 2,260 | | | 2,330 |
| 1971 | | 2,640 | | | 2,200 |
| 1972 | | 3,440 | | | 2,860 |
| 1973 | | 5,820 | | | 5,160 |
| 1974 | | 6,950 | | | 7,620 |
| 1975 | | 7,260 | | | 7,490 |
| 1976 | | 6,850 | | | 6,580 |
| 1977 | | 7,590 | | | 7,210 |
| 1978 | | 9,750 | | | 10,890 |
| 1979 | | 13,660 | | | 15,670 |
| 1980 | | 18,120 | | | 20,020 |
| 1981 | | 22,007 | | | 22,015 |
| 1982 | 24,991 | 22,321 | 2,670 | 21,309 | 19,285 |
| 1983 | 24,992 | 22,226 | 2,766 | 23,384 | 21,390 |
| 1984 | 29,229 | 26,139 | 3,090 | 30,267 | 27,410 |
| 1985 | 30,448 | 27,350 | 3,098 | 44,775 | 42,252 |
| 1986 | 34,803 | 30,942 | 3,861 | 45,180 | 42,904 |
| 1987 | 43,518 | 39,437 | 4,081 | 45,701 | 43,216 |
| 1988 | 52,615 | 47,516 | 5,099 | 58,872 | 55,268 |
| 1989 | 58,739 | 52,538 | 6,201 | 63,050 | 59,140 |
| 1990 | 70,156 | 62,091 | 8,065 | 57,697 | 53,345 |
| 1991 | 81,391 | 71,843 | 9,548 | 67,912 | 63,791 |
| 1992 | 97,519 | 84,940 | 12,579 | 90,019 | 80,585 |
| 1993 | 106,327 | 91,744 | 14,583 | 115,995 | 103,959 |
| 1994 | 141,203 | 121,006 | 20,197 | 131,914 | 115,615 |
| 1995 | 173,199 | 148,780 | 24,419 | 157,306 | 132,084 |
| 1996 | 179,029 | 151,048 | 27,981 | 161,418 | 138,833 |
| 1997 | 217,029 | 182,792 | 34,237 | 170,338 | 142,370 |
| 1998 | 208,764 | 183,712 | 25,052 | 167,079 | 140,237 |
| 1999 | 224,301 | 194,931 | 29,370 | 197,352 | 165,699 |
| 2000 | 284,233 | 249,203 | 35,030 | 261,258 | 225,094 |
| 2001 | 305,273 | 266,098 | 39,175 | 282,825 | 243,553 |
| 2002 | 371,823 | 325,596 | 46,227 | 341,700 | 295,170 |
| 2003 | 489,537 | 438,228 | 51,309 | 468,072 | 412,760 |
| 2004 | 657,808 | 593,326 | 64,482 | 633,952 | 561,229 |
| 2005 | 840,422 | 761,953 | 78,469 | 743,924 | 659,953 |
| 2006 | 1,063,049 | 968,978 | 94,071 | 892,299 | 791,461 |
| 2007 | 1,345,507 | 1,220,060 | 125,447 | 1,085,241 | 956,115 |
| 2008 | 1,576,036 | 1,430,693 | 145,343 | 1,288,959 | 1,132,562 |
| 2009 | 1,324,175 | 1,201,612 | 122,563 | 1,151,902 | 1,005,923 |
| 2010 | 1,695,286 | 1,577,754 | 117,532 | 1,537,181 | 1,396,247 |
| 2011 | 2,099,428 | 1,898,381 | 201,047 | 1,991,328 | 1,743,484 |
| 2012 | 2,250,290 | 2,048,714 | 201,576 | 2,099,705 | 1,818,405 |
| 2013 | 2,416,010 | 2,209,004 | 207,006 | 2,280,597 | 1,949,989 |
| 2014 | 2,561,433 | 2,342,293 | 219,141 | 2,392,118 | 1,959,235 |
| 2015 | 2,490,867 | 2,273,468 | 217,399 | 2,115,284 | 1,679,564 |
| 2016 | 2,306,035 | 2,097,631 | 208,404 | 2,029,476 | 1,587,926 |
| 2017 | 2,469,802 | 2,263,349 | 206,453 | 2,315,663 | 1,843,793 |

資料來源：中國國家統計局。

| 中國服務<br>進口總值 | 中國商品和服務<br>進出口總值 | 中國商品和服務<br>貿易順差或逆差 | 中國商品貿易<br>順差或逆差 | 中國服務貿易<br>順差或逆差 |
|---|---|---|---|---|
| | | | -70 | |
| | | | 440 | |
| | | | 580 | |
| | | | 660 | |
| | | | -670 | |
| | | | -230 | |
| | | | 270 | |
| | | | 380 | |
| | | | -1,140 | |
| | | | -2,010 | |
| | | | -1,900 | |
| | | | -8 | |
| 2,024 | 46,300 | 3,682 | 3,036 | 646 |
| 1,994 | 48,376 | 1,608 | 836 | 772 |
| 2,857 | 59,496 | -1,038 | -1,271 | 233 |
| 2,523 | 75,223 | -14,327 | -14,902 | 575 |
| 2,276 | 79,983 | -10,377 | -11,962 | 1,585 |
| 2,485 | 89,219 | -2,183 | -3,779 | 1,596 |
| 3,604 | 111,487 | -6,257 | -7,752 | 1,495 |
| 3,910 | 121,789 | -4,311 | -6,602 | 2,291 |
| 4,352 | 127,853 | 12,459 | 8,746 | 3,713 |
| 4,121 | 149,303 | 13,479 | 8,052 | 5,427 |
| 9,434 | 187,538 | 7,500 | 4,355 | 3,145 |
| 12,036 | 222,322 | -9,668 | -12,215 | 2,547 |
| 16,299 | 273,117 | 9,289 | 5,391 | 3,898 |
| 25,222 | 330,505 | 15,893 | 16,696 | -803 |
| 22,585 | 340,447 | 17,611 | 12,215 | 5,396 |
| 27,968 | 387,367 | 46,691 | 40,422 | 6,269 |
| 26,842 | 375,843 | 41,685 | 43,475 | -1,790 |
| 31,653 | 421,653 | 26,950 | 29,232 | -2,282 |
| 36,164 | 545,491 | 22,975 | 24,109 | -1,134 |
| 39,272 | 588,099 | 22,448 | 22,545 | -97 |
| 46,530 | 713,523 | 30,123 | 30,426 | -303 |
| 55,312 | 957,608 | 21,465 | 25,468 | -4,003 |
| 72,723 | 1,291,760 | 23,857 | 32,097 | -8,240 |
| 83,971 | 1,584,345 | 96,498 | 102,000 | -5,502 |
| 100,838 | 1,955,348 | 170,750 | 177,517 | -6,767 |
| 129,126 | 2,430,747 | 260,266 | 263,945 | -3,679 |
| 156,397 | 2,864,995 | 287,078 | 298,131 | -11,054 |
| 145,979 | 2,476,078 | 172,273 | 195,689 | -23,416 |
| 140,934 | 3,232,467 | 158,105 | 181,507 | -23,402 |
| 247,844 | 4,090,756 | 108,101 | 154,898 | -46,797 |
| 281,300 | 4,349,995 | 150,584 | 230,309 | -79,725 |
| 330,608 | 4,696,607 | 135,413 | 259,015 | -123,602 |
| 432,883 | 4,953,551 | 169,316 | 383,058 | -213,742 |
| 435,719 | 4,606,151 | 375,583 | 593,904 | -218,320 |
| 441,550 | 4,335,511 | 276,559 | 509,705 | -233,146 |
| 471,870 | 4,785,466 | 154,139 | 419,556 | -265,417 |

**附表 A3.3    美國對中國的商品和服務的出口與進口、雙邊貿易順差或**
**逆差(單位:百萬美元)**

| 年 | 美國對中國商品和<br>服務出口 (f.a.s.) | 美國從中國商品和<br>服務進口<br>(海關口徑) | 美中商品和服務<br>貿易順差或逆差 | 美國對中國商品<br>出口 (f.a.s.) |
|---|---|---|---|---|
| 1985 | | | | 3,856 |
| 1986 | | | | 3,106 |
| 1987 | | | | 3,497 |
| 1988 | | | | 5,022 |
| 1989 | | | | 5,755 |
| 1990 | | | | 4,806 |
| 1991 | | | | 6,278 |
| 1992 | | | | 7,419 |
| 1993 | | | | 8,763 |
| 1994 | | | | 9,282 |
| 1995 | | | | 11,754 |
| 1996 | | | | 11,993 |
| 1997 | | | | 12,862 |
| 1998 | | | | 14,241 |
| 1999 | 16,784 | 84,598 | -67,814 | 13,111 |
| 2000 | 20,888 | 103,315 | -82,427 | 16,185 |
| 2001 | 24,148 | 105,954 | -81,806 | 19,182 |
| 2002 | 27,525 | 129,800 | -102,275 | 22,128 |
| 2003 | 33,821 | 156,791 | -122,969 | 28,368 |
| 2004 | 41,293 | 202,990 | -161,697 | 34,428 |
| 2005 | 49,389 | 250,412 | -201,023 | 41,192 |
| 2006 | 63,720 | 297,951 | -234,231 | 53,673 |
| 2007 | 75,523 | 333,246 | -257,723 | 62,937 |
| 2008 | 85,030 | 348,718 | -263,688 | 69,733 |
| 2009 | 86,017 | 305,981 | -219,964 | 69,497 |
| 2010 | 113,942 | 375,590 | -261,647 | 91,911 |
| 2011 | 132,228 | 411,156 | -278,928 | 104,122 |
| 2012 | 143,372 | 438,634 | -295,262 | 110,517 |
| 2013 | 159,252 | 454,291 | -295,039 | 121,746 |
| 2014 | 168,214 | 482,443 | -314,229 | 123,657 |
| 2015 | 164,894 | 498,189 | -333,294 | 115,873 |
| 2016 | 170,485 | 478,574 | -308,089 | 115,546 |
| 2017 | 187,522 | 522,889 | -335,367 | 129,894 |

資料來源:美國人口普查局、美國經濟分析局。紅色的數字來自:Xikang
Chen, Lawrence J. Lau, Junjie Tang and Yanyan Xiong, 2018。

| 美國從中國商品進口（海關口徑） | 美中商品貿易順差或逆差 | 美國對中國服務出口 | 美國從中國服務進口 | 美中服務貿易順差或逆差 |
|---|---|---|---|---|
| 3,862 | -6 | | | |
| 4,771 | -1,665 | | | |
| 6,294 | -2,796 | | | |
| 8,511 | -3,489 | | | |
| 11,990 | -6,234 | | | |
| 15,237 | -10,431 | | | |
| 18,969 | -12,691 | | | |
| 25,728 | -18,309 | | | |
| 31,540 | -22,777 | | | |
| 38,787 | -29,505 | | | |
| 45,543 | -33,790 | | | |
| 51,513 | -39,520 | | | |
| 62,558 | -49,696 | | | |
| 71,169 | -56,927 | | | |
| 81,788 | -68,677 | 3,672 | 2,810 | 863 |
| 100,018 | -83,833 | 4,703 | 3,297 | 1,406 |
| 102,278 | -83,096 | 4,966 | 3,676 | 1,290 |
| 125,193 | -103,065 | 5,398 | 4,607 | 790 |
| 152,436 | -124,068 | 5,454 | 4,355 | 1,099 |
| 196,682 | -162,254 | 6,865 | 6,308 | 557 |
| 243,470 | -202,278 | 8,197 | 6,942 | 1,255 |
| 287,774 | -234,101 | 10,047 | 10,177 | -130 |
| 321,443 | -258,506 | 12,587 | 11,803 | 783 |
| 337,773 | -268,040 | 15,297 | 10,946 | 4,351 |
| 296,374 | -226,877 | 16,520 | 9,607 | 6,913 |
| 364,953 | -273,042 | 22,031 | 10,637 | 11,394 |
| 399,371 | -295,250 | 28,107 | 11,785 | 16,322 |
| 425,619 | -315,102 | 32,855 | 13,015 | 19,840 |
| 440,430 | -318,684 | 37,506 | 13,861 | 23,645 |
| 468,475 | -344,818 | 44,556 | 13,968 | 30,589 |
| 483,202 | -367,328 | 49,021 | 14,987 | 34,034 |
| 462,542 | -346,996 | 54,939 | 16,032 | 38,907 |
| 505,470 | -375,576 | 57,628 | 17,419 | 40,209 |

附表A3.4　中國對美國的商品和服務的出口與進口、雙邊貿易順差或
逆差(單位：百萬美元)

| 年 | 中國對美國商品和服務出口 (f.o.b.) | 中國從美國商品和服務進口 (c.i.f.) | 中美商品和服務貿易順差 (逆差) | 中國對美國商品出口 (f.o.b.) |
|---|---|---|---|---|
| 1993 | | | | 16,969 |
| 1994 | | | | 21,408 |
| 1995 | | | | 24,729 |
| 1996 | | | | 26,708 |
| 1997 | | | | 32,718 |
| 1998 | | | | 37,965 |
| 1999 | 43,110 | 24,451 | 18,659 | 42,018 |
| 2000 | 53,627 | 28,814 | 24,813 | 52,142 |
| 2001 | 56,150 | 33,036 | 23,115 | 54,319 |
| 2002 | 72,788 | 34,690 | 38,099 | 69,959 |
| 2003 | 95,048 | 41,427 | 53,621 | 92,510 |
| 2004 | 130,152 | 54,277 | 75,876 | 124,973 |
| 2005 | 169,167 | 60,345 | 108,822 | 162,939 |
| 2006 | 216,524 | 73,623 | 142,901 | 203,516 |
| 2007 | 250,065 | 88,137 | 161,928 | 232,761 |
| 2008 | 267,292 | 103,964 | 163,328 | 252,327 |
| 2009 | 232,547 | 101,831 | 130,716 | 220,905 |
| 2010 | 297,538 | 135,108 | 162,430 | 283,375 |
| 2011 | 341,816 | 164,905 | 176,911 | 324,565 |
| 2012 | 372,885 | 183,319 | 189,566 | 352,000 |
| 2013 | 392,060 | 210,578 | 181,482 | 368,481 |
| 2014 | 420,075 | 228,813 | 191,262 | 396,147 |
| 2015 | 437,548 | 226,809 | 210,739 | 410,145 |
| 2016 | 420,313 | 222,024 | 198,288 | 389,113 |
| 2017 | 469,750 | 246,584 | 223,167 | 433,146 |

資料來源：中國國家統計局、中國財政部、美國人口普查局、美國經濟分析局。紅色的數字來自：Xikang Chen, Lawrence J. Lau, Junjie Tang and Yanyan Xiong, 2018。

| 中國從美國商品進口 (c.i.f.) | 中美商品貿易順差 (逆差) | 中國對美國服務出口 | 中國從美國服務進口 | 中美服務貿易順差 (逆差) |
|---|---|---|---|---|
| 10,633 | 6,336 | | | |
| 13,977 | 7,431 | | | |
| 16,123 | 8,606 | | | |
| 16,179 | 10,529 | | | |
| 16,290 | 16,429 | | | |
| 16,997 | 20,968 | | | |
| 19,486 | 22,532 | 1,092 | 4,965 | -3,873 |
| 22,365 | 29,777 | 1,485 | 6,450 | -4,964 |
| 26,204 | 28,115 | 1,831 | 6,832 | -5,001 |
| 27,228 | 42,732 | 2,829 | 7,462 | -4,633 |
| 33,883 | 58,627 | 2,538 | 7,544 | -5,006 |
| 44,653 | 80,321 | 5,179 | 9,624 | -4,445 |
| 48,735 | 114,204 | 6,228 | 11,610 | -5,382 |
| 59,223 | 144,293 | 13,008 | 14,400 | -1,393 |
| 69,861 | 162,901 | 17,304 | 18,276 | -973 |
| 81,498 | 170,829 | 14,965 | 22,466 | -7,501 |
| 77,461 | 143,444 | 11,642 | 24,370 | -12,728 |
| 102,060 | 181,314 | 14,163 | 33,048 | -18,885 |
| 122,144 | 202,420 | 17,252 | 42,761 | -25,510 |
| 132,878 | 219,122 | 20,885 | 50,441 | -29,556 |
| 152,552 | 215,928 | 23,579 | 58,026 | -34,447 |
| 159,187 | 236,960 | 23,928 | 69,626 | -45,698 |
| 149,781 | 260,364 | 27,403 | 77,028 | -49,625 |
| 135,124 | 253,988 | 31,200 | 86,900 | -55,700 |
| 155,177 | 277,969 | 36,604 | 91,407 | -54,803 |

# 第4章

# 貿易戰的衝擊波

當前中美貿易戰的直接原因，是美國對中國的商品和服務貿易存在巨大而持續的逆差。美方認為，美國的貿易逆差是中方不公平貿易行為的後果。在非貿易的其他經濟領域，美方也表示了不滿，這些內容將在本書第9章討論。然而正如第3章所述，對於雙邊貿易逆差規模，中國和美國的官方估算結果存在顯著差異。例如2017年，僅在商品貿易領域，美國估算的赤字就達3,760億美元，而中國估計僅為2,780億美元。如此大的差距有多種原因，例如對出口和進口估值的差異、如何計算經過第三國或地區轉口造成的差異，以及把服務貿易計算或不計算在內 —— 美國當前在服務貿易上有每年約500億美元的順差。對這些影響都進行恰當的調整後，較為準確的基於總價值計算出的美中貿易逆差估計約為2,540億美元，依然是個很大的數字。[1]

美國總統特朗普希望將美中貿易逆差縮小約1,000億美元。為實現該目標，他建議向價值2,500億美元的中國進口商品徵收更

---

[1] 有關的分析可參閱：Xikang Chen, Lawrence J. Lau, Junjie Tang and Yanyan Xiong, 2018。

高關稅，[2] 如有必要，徵收範圍還將擴大至價值 2,670 億美元的更多中國商品，從而覆蓋來自中國的全部進口。這一行動是否符合世界貿易組織的規則並不非常清楚，但中國也同受美國新關稅影響的歐盟及其他國家一樣，向世貿組織提起了申訴。然而，此類申訴不太可能解決糾紛。不出意料，中國對來自美國的總值為 1,100 億美元的進口商品實施了報復性關稅，[3] 稅率不一，但大部分為 10%。在新關稅的影響下，中國向美國的出口很可能下降，美國向中國的出口亦然。但正如兩個夥伴國之間的自願貿易的增加會提高雙方的總福利一樣，兩國貿易的非自願的減少則會降低雙方的總福利，對中美來說將是雙輸的結局。

　　第 3 章中討論測算雙邊貿易盈餘或赤字的另一個辦法，是考察相應出口在出口國創造的國內增加值。相對於出口總值而言，出口商品中的國內增加值部分才是製造業產生的 GDP，代表其對國內經濟的真實貢獻。例如蘋果公司的 iPhone 手機在中國完成最後組裝，其部件和技術則來自世界各地。一部蘋果手機的出口價值約為 500 美元，[4] 而中國國內增加值，包括所有的中間投入，例如電力，估計不超出 20 美元。因此國內增加值所佔比重僅為 4%（=20/500）。中國向美國出口的商品的平均國內增加值佔比約為 25%。[5] 美國向中國出口的商品的平均國內增加值佔比則約為

---

2　美國對中國產品採取的新關稅是分三輪實施：第一輪在 2018 年 7 月，340 億美元；第二輪在 2018 年 8 月，160 億美元；第三輪在 2018 年 9 月，2,000 億美元。手機、服裝和鞋類等消費品進口在筆者寫作時尚未納入新關稅的覆蓋範圍。

3　中國方面對美國產品的報復關稅也是分三輪實施：第一輪在 2018 年 7 月，340 億美元；第二輪在 2018 年 8 月，160 億美元；第三輪在 2018 年 9 月，600 億美元。包括大型飛機、集成電路和半導體等在內的大約 400 億美元的美國產品目前不在中方的新關稅覆蓋範圍之內。

4　指批發價格，非零售價。

5　陳錫康、王會娟，2016；表 2.2、2.4。

50%，[6] 幾乎是中國的兩倍。如之前第三章所述，所以如果以國內增加值作為指標來測算，2017年美國商品和服務對中國的貿易逆差估計約為1,110億美元。[7]相比之下，美國官方用商品總價值測算的商品貿易逆差達3,760億美元。

當然，即使1,110億美元也是個龐大的數字。縮小貿易缺口的一個有效辦法是讓中國從美國進口自己需要的、且美國國內增加生產的、增加值佔比接近100%的產品，如石油和天然氣、農產品（肉類和穀物）以及服務等。這樣，中國增加總價值為1,250億美元來自美國的進口，就足以實現平衡。[8]美國絕對有能力增加此類產品的供應，而中國對它們的需求極大且仍在增長，因此兩國貿易以這種形式擴大應該是完全可行的，也對雙方有益，只是需要一些時間來制定和實施。[9]

## 對中國金融市場的即期影響

當前貿易戰的即時影響是在心理方面，並主要作用在中國的金融市場上。貿易戰造成世界範圍的不確定性上升，預期轉為負面。企業和居民的信心下滑，消費和投資已出現部分停滯。

股票市場厭惡不確定性，任何不確定性都將導致下跌。中國的股票市場——包括上海、深圳，甚至香港在內——自貿易戰爆發以來已受到直接打擊（見圖4.1）。深圳股票交易所的平均股票價格自2018年初以來已下跌了近25%，上海股票交易所的平

---

6　同前註；表2.6、2.8。

7　參閱：Xikang Chen, Lawrence J. Lau, Junjie Tang and Yanyan Xiong, 2018。

8　1,250億的數額是用1,110億除以0.887（美國對華出口商品的國內增加值係數）。見陳錫康、王會娟，2016；表 2.6、2.8。

9　參閱：Lawrence J. Lau, June 2018。

圖4.1　中國大陸、香港和美國的股票市場指數，2018年1–10月

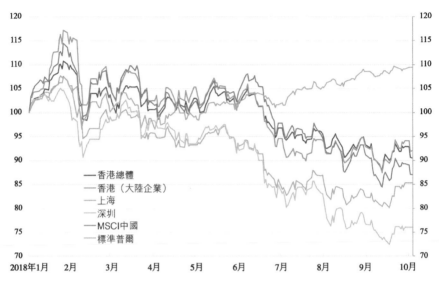

資料來源：Bloomberg。

均股價跌幅約為15%，MSCI中國指數（MSCI China Index）下跌
了13%，香港股市的總體跌幅近10%，在港上市的中國大陸企業
的跌幅略小一些。相反，美國的標準普爾500指數（S&P 500）自
2018年初以來有近10%的漲幅。當然，中國股市的下跌不能夠
也不應該都歸咎於貿易戰。美聯儲推動美國的實際和預期利率提
升，也對全球新興市場資產價格下跌以及貨幣對美元貶值發揮了
作用。[10]

　　然而，上海和深圳股市的業績並非中國經濟狀況可靠的晴雨
表，借用美聯儲前任主席格林斯潘（Alan Greenspan）博士發明的
術語，其實是對「非理性繁榮」（irrational exuberance）或其對立

---

10　當然貿易戰並不能解釋標準普爾500指數為什麼持續創出新高 —— 或許是新一輪
　　「非理性繁榮」的表現。

圖4.2　　2015年以來的人民幣匯率中間價和CFETS指數
　　　　　2014年12月31日 ＝ 100

資料來源：中國外匯交易中心。

面「非理性蕭條」（irrational gloom）的測量。這是因為中國股市
以個人投資者為主體，大多數人只希望通過頻繁交易來快速獲
利。大陸股市散戶平均持有某隻股票的時間不足20個交易日，
機構投資者的平均持有時間也僅為30至40個交易日。[11] 大多數
上市的中國企業很少或根本沒有現金分紅，這也不是好事。由於
貿易戰看起來還將持續一段時期，中國大陸的大多數投資者選擇
了暫時觀望。

　　類似的是，人民幣匯率也已受到負面影響，但部分原因同樣

---

11　根據上海股票交易所資本市場研究所基於中國所有投資者在2016年的交易情況
　　的一份報告。

是美國實際和預期利率的提高。圖 4.2 顯示了兩個指數自 2015 年的變化情況，一個是人民幣匯率中間價指數，由中國人民銀行在每天的在岸人民幣交易開盤時確定，另一個是人民幣匯率指數（China Foreign Exchange Trade System Index, CFETS），反映人民幣對中國的貿易加權一籃子外幣的價值變化。[12] 兩個指數在初期出現較大分化，到 2017 年下半年卻開始出現聯動。更近一段時期，雖然人民幣自 2018 年 1 月底以來對極為強勢的美元貶值了近 9%，人民幣匯率中間價與 CRETS 指數的平均絕對偏離值卻沒有超過 1.7 個百分點（見圖 4.3）。

圖 4.3 對比了人民幣匯率中間價與 CFETS 指數自 2017 年底以來的走勢，表明人民幣匯率中間價相對於美元來說已貶值了約 5%（自 2018 年 1 月底貿易戰爆發以來則貶值了約 9%），部分原因在於美國的實際和預期利率提高，而非貿易戰。但相對於 CFETS 指數而言，人民幣匯率中間價僅貶值了 2.2%。CFETS 指數的一個用途在於，它反映著中國的貿易夥伴國及地區的貨幣匯率相對於人民幣的（貿易加權）平均變化。如果人民幣匯率中間價的百分比變化與 CFETS 指數的變化相同，說明人民幣匯率相對於中國的貿易夥伴國的貨幣的加權平均數而言沒有變化，儘管人民幣對於美元等特定貨幣可能有升值或貶值。事實上，並沒有充分理由讓人民幣匯率亦步亦趨緊盯美元，那樣會要求人民幣跟隨美元對其他貨幣完全同等地升值或貶值。當美元走勢強勁時，人民幣如果緊盯美元會讓中國出口商提高對其他所有國家的進口商的售價，這未

---

12　美元在 2017 年的權重為 26.4%。2017 年 1 月 1 日，各種貨幣的權重根據相應國家和地區所佔貿易份額的變化進行了調整，美元目前的權重為 22.4%。見本書第 4 章附錄，附表 A4.1。需要注意的是，由於中國依然存在資本管制，離岸人民幣匯率可能不同於在岸人民幣匯率。

圖4.3　　人民幣匯率中間價和CFETS指數
　　　　2017年12月29日 = 100

資料來源：中國外匯交易中心。

必有意義。如果人民幣匯率緊盯CFETS指數，則相當於讓匯率對中國的貿易夥伴國的平均水平來説大致保持穩定。

　　人民幣匯率跟隨CFETS指數的另一個意義在於，人民幣在海外的平均購買力將得以維持，基本保持穩定。如果美元走勢強勁，美國的商品將更為昂貴，其他國家的商品相對更為廉價，進口商品的中國消費者總體來説將不會受損。此外，跟隨CFETS指數會讓人民幣匯率的波動性小於美元匯率，因為人民幣匯率通常會隨美元匯率同向運動，但幅度更小。這意味著當美元相對於其他貨幣升值時，人民幣會對美元貶值，當美元相對於其他貨幣

貶值時，人民幣會對美元升值，但從第三國貨幣的角度來看，人民幣匯率的波動幅度小於美元匯率。

在評估人民幣是否貶值或升值時，重點應放在(在岸)人民幣匯率中間價與CFETS指數的差距上，而不僅是人民幣對美元的匯率。美元強勢期間會造成部分新興經濟體(如最近在阿根廷、印度、印度尼西亞和土耳其等)的外匯市場的動盪，總是會出現追逐美元這種唯一避險貨幣的普遍趨勢。在這個過程中，美元將加強，所有其他貨幣都會走弱，人民幣也不例外。

雖然人們廣泛預期，作為貿易戰的應對措施，人民幣將顯著貶值，這實際上卻很可能不會發生。美國對中國出口商品實施的25%的新關稅稅率(2019年1月1日後實施)相對於中國出口商的利潤空間而言過於沉重，人民幣的適度貶值於此無補，只能讓人民幣在國內和國際作為交易媒介與價值儲藏工具的吸引力下降。對中國這樣規模龐大、出口依存度相對較低的經濟體來說(見下文的圖4.7、4.8)，貶值從來不是有效策略。人民幣貶值也不見得有必要。即使中國對美國的出口下降一半，中國的經常賬戶仍將維持平衡。[13]中國的私人經濟部門的工資率依然有下調的彈性，因此不需要操弄匯率，也可以實現經濟調整。最符合中國利益的選項是維持相對穩定的人民幣匯率，使國民願意繼續持有人民幣作為價值儲藏工具，同時也是最終實現人民幣國際化的唯一可行道路。

真正將很快受到美國新關稅影響的人，其實是中國商品的美國用戶，其中既有消費者也包括生產商，因為他們必須為新關稅而支付更高的價格。由於運抵美國港口的中國商品的價錢已經由

---

13　參閱下文的討論。

美國進口商支付，關稅的成本必然會盡可能地轉移給美國的真正用戶；或者如果美國進口商有足夠的利潤空間，他們也可能會自己消化。當然，美國貿易代表辦公室已經宣佈，可能針對不同商品給美國進口商一年時間的新關稅免徵期。同時又有報道稱，只有很少的免徵特例被批准。因此目前確實不清楚事情將如何走向。中國方面的新關稅也已經實施，並沒有對美國商品的中國進口商制定類似的免徵特例。由此看來，中國只是針對美國的行動以對等但慎重的方式做出反應。

## 對中國經濟的實際影響

美方實施的新關稅，對第一輪價值340億美元的中國商品採取多種稅率，對第二輪價值160億美元的部分採取25%的稅率，對第三輪價值2,000億美元的部分採取10%的稅率（並計劃於2019年1月1日上調至25%）。雖然美國從中國進口的產品不會受到影響，而且短期內關稅甚至可能導致中國（和美國）出口商在預期的徵收或增加關稅前加速出貨，[14] 新的關稅確實將對未來訂單產生影響。事實將證明25%這樣的稅率對大多數進口自中國的產品會過於沉重，因為無論中國的出口商還是美國的進口商都沒有足夠的利潤空間能消化掉因關稅提高而增加的成本。另外儘管替代供給來源或許難以馬上找到，假以時日卻肯定可以開發出來。所以如果美國的新關稅完全實施，很可能導致受關稅影響的中國向美國的出口幾乎完全停滯，使美國從中國的進口大幅減少約2,500億美元（以到岸價計算，或「成本加保險費和運費」）。與之對應，中國向

---

14　事實上，2018年前十個月，中國對美出口同比增長13.3%，美國對華出口同比增長8.5%。

圖 4.4　　部分亞洲經濟體的季度出口增長率

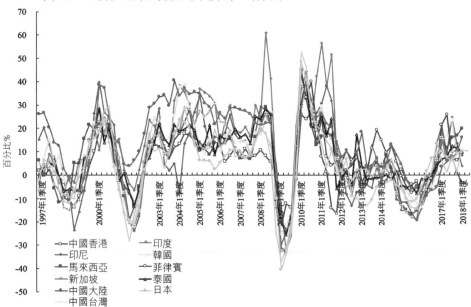

資料來源：國際貨幣基金組織，國際金融統計數據。

圖 4.5　　部分亞洲經濟體的季度進口增長率

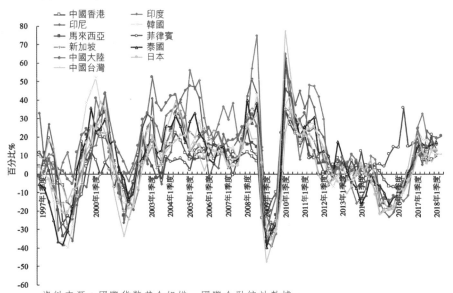

資料來源：國際貨幣基金組織，國際金融統計數據。

**圖4.6　部分亞洲經濟體的實際GDP季度增長率**

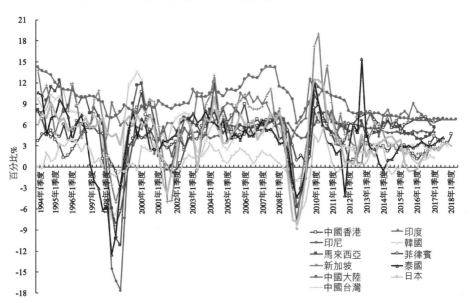

資料來源：國際貨幣基金組織，國際金融統計數據。

美國的出口將減少約2,250億美元（以離岸價計算，或「船上交貨價」）。[15] 如此大的出口下滑會給中國經濟帶來怎樣的實際影響？

　　首先，中國作為有著巨大國內市場的大陸經濟體，與美國一樣有著較低的出口依存度，並一直對外來擾動有較強的免疫力。過去20年裡，中國的進出口增長率與其他所有或大或小的亞洲經濟體一樣存在波動。圖4.4顯示的是部分亞洲經濟體的季度出口增長率，圖4.5顯示的是它們的季度進口增長率。兩個圖中的紅線分別代表中國的出口和進口增長率，其波動情況與其他所有亞洲經濟體類似。但圖4.6中紅線所示的中國實際GDP的季度增長率，

---

15　美國從中國的進口減少2,500億美元（以到岸價計算），大致對應中國方面的出口減少2,270億美元（以離岸價計算＝250億x 10/11），本文取整數值2,250億美元。

圖4.7    中國的商品和服務出口總值及商品出口總值與 GDP 的百分比

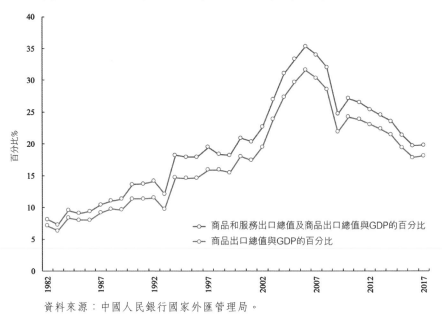

資料來源：中國人民銀行國家外匯管理局。

圖4.8    中國向美國出口的商品和服務總值與 GDP 的百分比

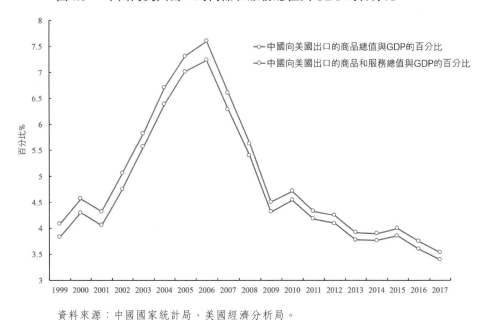

資料來源：中國國家統計局、美國經濟分析局。

圖4.9　　中國向全球和美國的商品出口的增長率

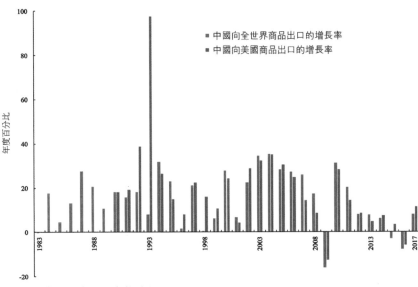

資料來源：中國國家統計局。

相對於包括日本在內的其他所有亞洲經濟體而言卻更為穩定，並一直維持正增長。

　　還有，中國經濟的出口依存度在過去十年持續下降。中國向世界出口的商品和服務價值與自身GDP的比值從2006年的35.3%的峰值下滑到2017年的19.8%（如圖4.7中的紅線所示），商品出口價值與中國GDP的比值則從31.5%的峰值下滑到2017年的18.1%（如圖4.7中的藍線所示）。類似的是，中國向美國出口的商品和服務價值與中國GDP的比值也縮小了一半以上，從2006年的7.6%的峰值到2017年的3.5%（圖4.8中的紅線），僅對商品出口而言，從7.2%的峰值下滑到2017年的3.4%（圖4.8中的藍線）。

　　同一時期，中國向全世界（圖4.9中的紅色柱形）和美國（圖4.9中的藍色柱形）的商品出口增長率也顯著下降。中國向全球的商品出口在1998至2007年這十年的年均增長率達到22.6%，之後的

2008 至 2017 年已降至 7.9%，部分原因是 2008 至 2009 年的全球金
融危機以及隨後的歐洲主權債務危機。類似的是，中國向美國的
商品出口在 1998 至 2007 年的年均增長率達到 22%，而最近的十年
已降至不足 7%。中國經濟增長如今最重要的引擎已不再是出口，
而是國內需求，由居民消費（尤其是快速成長的中產階級）、基礎
設施投資以及公共產品消費（如環境保護和恢復、教育、醫療和
養老等）所驅動。

　　按中國國家統計局的數據，2017 年中國對美國的商品出口總
值（以離岸價計算）約為 4,330 億美元，相當於中國當年 GDP 的
3.4%。[16] 美國目前實施的新關稅是針對價值 2,500 億美元的中國商
品，基本上等同於以離岸價計算的 2,250 億美元的中國對美國的出
口商品，或者說接近 2017 年中國對美國出口商品總值的一半。[17]
假設受過高的新關稅影響，中國對美國的全部出口有一半陷入停
滯，則中國向全球的商品出口總值 —— 按中國官方統計在 2017 年
約為 2.28 萬億美元 —— 將下跌 9.9%。作為比較，2008 年雷曼兄弟
公司破產後，中國在 2009 年的出口商品總值實際下跌了 16%，但
中國經濟當年依然取得了 8.7% 的實際增長率。

　　當然，如果事實表明，新關稅下美國並非完全負擔不起從中
國進口的商品，中國的出口跌幅可能會小一些。除其他因素外，
出口下跌的具體幅度還取決於美國市場對中國商品的需求價格彈

---

16　本文不打算討論或協調中國和美國官方統計數據的差異。但如果我們在中國對
　　美國的 4,300 億美元出口（離岸價）之上增加 10% 的成本、保險費和運費，數據會
　　增加至 4,730 億美元，這與美國統計的 2017 年來自中國的 5,060 美元進口總值差
　　距並不大。剩下的差異部分大多數可以歸結為通過香港等第三方開展的再出口。

17　嚴格來說，4,300 億美元的一半是 2,150 億美元。但眾所周知，中國官方的出口數
　　據並不包括通過香港等第三方國家或地區的轉口，因此 2,250 億美元可以視為以
　　離岸價計算的中國對美國商品出口的一半的合理估計。參見上一註解。

性，其大小又與其他潛在供應國家和地區的出口價格有關。如果需求價格彈性為1，即價格每提高1%將導致需求數量下降1%，那麼由美國新關稅帶來的25%的價格提升就會導致中國出口商品數量減少25%，而非100%。這樣的話，中國對美國出口的下跌幅度可能只有我們先前假設的四分之一。但筆者判斷，受美國新關稅影響的絕大多數中國對美國出口商品，在其他國家或地區都有潛在的替代供應方。除蘋果公司等特殊企業外，中國出口商和美國進口商都沒有足夠的利潤空間或市場支配力消化25%的成本漲幅。此外，在貿易戰未能平息的情況下，關稅有可能被進一步提升。因此大多數美國進口商將轉向其他國家尋求替代供應方。即使美國新關稅下中國對美出口商品不會最終完全停滯，出口也仍將出現巨大而顯著的降幅。全部出口陷入停滯，仍可以被假想為最壞的情形來加以防備。

美國新關稅導致中國出口下跌，會給中國GDP造成怎樣的實際影響？中國對美國的商品出口總值在2017年約為中國GDP的3.4%，下跌一半後，相當於GDP的1.7%。另外，中國出口商品中直接的國內增加值佔比很低，在2015年的總出口中平均為25.5%，在對美出口中更低，僅為24.8%。[18] 這意味著每1美元中國對美國的出口，創造的中國GDP不足25美分。[19] 相比之下，美國對中國的出口商品中，直接的國內增加值佔比在2015年約為50.8%，略高於中國對美國的出口產品的兩倍。[20] 因此假設中國對美出口有一半陷入停滯，給中國的GDP造成的初期最大損失可能

---

18 　陳錫康、王會娟，2016；表2.2、2.4。

19 　中國出口產品中的國內增加值佔比自2015年後可能有所提高，但幅度應該並不顯著。

20 　陳錫康、王會娟，2016；表2.6、2.8。

也只有0.43%（＝1.7%×0.25），屬可以容忍的水平，尤其是對於一個年均實際增長率達到6.5%，2017年的人均GDP為9,137美元、遠高於基準生存水平的經濟體。

　　可以看出，即使受美國新關稅影響的中國出口全部停滯，而且沒有其他出路，在初期給國內增加值造成的直接減幅也不足半個百分點。此後，由出口下滑造成的中國經濟對中間投入品的需求減少，會導致對中間投入品需求的進一步減少，國內增加值也將隨之進一步收縮。這是第二輪的間接效應。中間投入品需求的進一步減少將帶來中間投入品需求的繼續減少和國內增加值的繼續收縮，形成第三輪、第四輪和更多輪的效應，但每個輪次的影響幅度將逐漸縮小。所有輪次對國內增加值的總效應，估計約為出口價值跌幅的66%。[21] 這意味著最終給中國GDP造成的最大幅度的總損失約為1.12%（＝1.7%×0.66）。以絕對數計算，相當於2017年的12.2萬億美元的中國GDP總量中損失了1,370億美元（2017年價格）。從中國經濟預期的6.5%的年增長率中扣除1.12%，剩下5.38%，相對於國際貨幣基金組織預計的2018年全球平均3.7%的增速而言，依舊相當可觀。

　　即使中國對美國的商品出口減少一半，相當於GDP的1.7%，中國對全球的商品和服務貿易——在2017年的盈餘相當於GDP的1.71%——依然會保持平衡，這裡尚未考慮中國從美國的進口可能減少（見圖4.10）。2017年，中國對美國的商品和服務貿易順差佔中國GDP的1.86%。如果美國從中國的進口減少一半，即中國GDP的1.71%，中國與美國的貿易仍將依然略有盈餘。因此從收支平衡的角度來看，美國的新關稅不會給人民幣造成多大的貶

---

21　　同上註；表2.4。

圖4.10　中國的商品和服務貿易順差與GDP的百分比

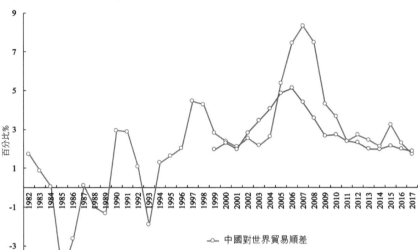

資料來源：中國國家統計局。

值壓力。事實上，維持相對穩定的人民幣匯率或許最符合中國經濟利益。

　　美國新關稅的覆蓋範圍可能擴展到來自中國的全部進口商品。在此情形下，對中國經濟的負面衝擊將擴大一倍，最多達到中國GDP的2.24%，但中國經濟仍可以維持超過4%的預期增長率。假如真的發生，中國政府很可能會採取有針對性的經濟刺激計劃，以擴大總需求，緩衝貿易戰的負面影響。其重點可能在於對基礎設施和研發的投資及公共產品的提供，如環境保護和修復（藍天、綠水、青山）、教育、醫療和養老等，而不再是對製造業和房地產的固定投資。由於中國現有產能總體過剩，供給不會成為制約因素，只要有需求，就能夠有供給。

　　從更長時間來看，假設雙方的關稅制裁持續下去，美國進口

圖4.11　美國服裝進口的不同來源地分佈（1989–2017年）

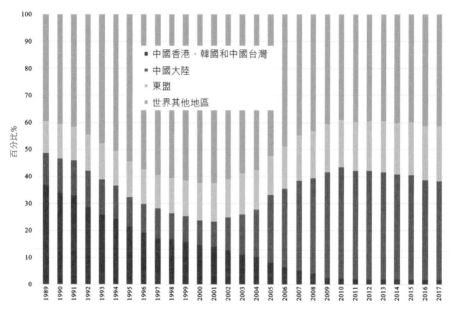

資料來源：Lawrence J. Lau and Junjie Tang, 2018, Chart 3。

商將開始用其他亞洲國家的商品來替代中國商品，如越南、柬埔
寨、孟加拉國，甚至朝鮮等。正因為如此，對中國實施的新關稅
並不會減少美國對全球的總體貿易赤字。美國的服裝貿易史給
我們提供了一個有意思的案例。1989至2017年，中國香港、中
國台灣和韓國在美國進口服裝中的合計佔比從36.9%降至1.7%。
作為替代，來自中國的進口服裝佔比從11.7%提升至36.6%（見
圖4.11）。隨著美國對中國的服裝進口實施新關稅，中國的佔比
將快速下跌，被來自越南、柬埔寨、印度尼西亞和孟加拉國的進
口替代，而美國的服裝進口總量則大致不會改變。可是，美國服
裝進口來源遷離中國，自2010年就已經在發生了，原因是中國
勞動力成本上漲以及人民幣升值。這與過去美國服裝進口來源從

中國香港、中國台灣和韓國遷往中國大陸屬同一性質。美國的新
關稅只是將加速這一過程。東盟和南亞國家可能因此受益，但由
於如今的供應鏈已高度國際化，具體的獲益程度很難預測。在
大多數情況下，新關稅都不太可能促進美國國內的服裝生產和就
業。[22]

　　不出意料，貿易戰並未在2018年11月6日的美國中期選舉前
平息。關於特朗普總統與習近平主席於12月1日在阿根廷布宜諾
斯艾利斯的G20峰會工作餐會面時達成的暫時和解，可能最終導
致更為長期的和解方案，也可謹慎地抱有希望。但這並不確定。
真正令人擔憂的是，貿易戰可能給長期的中美關係造成傷害。例
如，可能影響到美國對中國的服務出口在未來的增長率，[23] 其中
主要包括教育、旅遊、技術專利費和授權費等，美方在這方面有
穩定且不斷增長的大額貿易順差 —— 2017年中方估計為550億美
元，美方估計為400億美元。[24] 貿易戰還可能影響兩國之間的直接
和間接投資。

## 對中國特定地區的實際影響

雖然貿易戰對中國總體經濟的實際影響較小，但對特定城市、
省份和地區的影響卻可能更為嚴重，尤其是出口導向型經濟的
地區。廣東（包括深圳）是中國最大的出口省份，佔全國出口額
的16%以上，之後是上海和浙江。廣東對全球和美國的出口額
在2017年分別佔其GDP的49.9%和8.7%（見圖4.12），遠高於全

---

22　即使有可能把部分生產帶回美國，大多數也會是通過自動化和工業機器人來完
　　成，能創造的新就業崗位很少。

23　在美國的服務出口中，國內增加值的佔比幾乎能達到100%。

24　參閱：Xikang Chen, Lawrence J. Lau, Junjie Tang and Yanyan Xiong, 2018。

**圖4.12　廣東省對全球和美國的出口額與當地GDP的比值**

資料來源：廣東省統計局。

國平均的18.1%和3.4%的水平。假設廣東對美國的出口中直接
的國內增加值佔比與全國的出口相同（即25%），且對美國的出
口有一半陷入停滯，則對廣東的GDP的直接最大影響可能達到
1.09%（= 8.7% / 2×0.25）。鑒於該省在2017年的實際GDP增長率
為7.5%，人均GDP達到12,909美元，這一衝擊對廣東而言應該
是可控的。把出口減少造成的間接效應（第二輪、第三輪以及更
多輪次的效應）考慮進來，對國內增加值的總體影響將達到出口
額的66%，這意味著廣東的GDP最終將總計損失2.87%（= 8.7% /
2×0.66），會造成當地經濟的實際增長率顯著下跌，但年增速依
然會維持在4.5%以上。

　　浙江省的出口額與GDP的比值在2017年略低於36.8%，對美
國的出口約佔其GDP的7.1%（見圖4.13）。假設浙江對美國的出

**圖4.13　浙江省對全球和美國的出口額與當地GDP的比值**

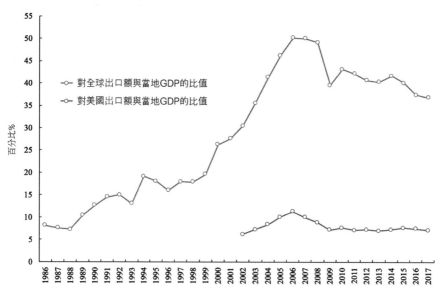

資料來源：浙江省統計局。

口中直接的國內增加值佔比與全國的出口相同（即25%），再假設
浙江對美國的出口有一半陷入停滯，則浙江的GDP遭受的直接最
大損失估計為0.89%（=7.1% / 2×0.25）。鑒於浙江在2017年的實
際GDP增長率為8.6%，人均GDP達到14,630美元，這一幅度的
下跌是可控的。如果把出口減少導致的間接多輪效應考慮進來，
浙江的GDP受到的總損失可能達到2.3%（= 7.1% / 2×0.66）。浙
江經濟的實際增長率可能顯著下降，但增長率依舊高於6%。

　　在廣東省內部，深圳市的出口與GDP的比值最高。1990
年，深圳的出口額幾乎達到當地GDP的250%（見圖4.14中的紅
線）。多年之後，這一比值在2017年降至73.7%，其中對美國的
出口與GDP的比值為11.3%，超過全國平均水平3.4%的3倍，也
高於廣東省平均的8.7%的水平（見圖4.14中的藍線）。如果貿易

圖 4.14　深圳市對全球和美國的出口額與當地 GDP 的比值

資料來源：深圳市統計局。

戰會帶來摧毀性的經濟影響，深圳將首當其衝。假設深圳對美國
的出口中直接的國內增加值佔比與全國總體相同（即 25%），且對
美國的出口有一半陷入停滯，深圳的 GDP 受到的直接最大損失
估計為 1.41%（= 11.3% / 2×0.25）。鑒於深圳在 2017 年的 GDP 實
際增速為 8.8%，人均 GDP 達到 27,123 美元，這一跌幅仍應該是
可控的。[25] 如果把出口減少造成的間接效應（第二輪、第三輪以
及更多輪次的效應）考慮進來，深圳 GDP 的總體損失估計為 3.7%
（= 11.3% / 2×0.66），這意味著當地經濟增長率顯著放緩，但即便
如此，年增速依然會維持在 5.1%，高於國際貨幣基金組織預測的

25　見《深圳市 2017 年國民經濟和社會發展統計公報》：http://www.sztj.gov.cn/xxgk/
zfxxgkml/tjsj/tjgb/201804/t20180416_11765330.htm。

2018至2019年全球經濟3.4%的平均增長率，[26]也高於鄰近的香港的2018年4.0%左右的預期水平。深圳的人均GDP相對較高，同樣有助於承受貿易戰的影響。當然，如果中國對美國的所有出口都完全停滯，深圳的經濟增長率可能會下降7.4個百分點（= 11.3%×0.66），年增速將降至1.4%的低迷但依舊為正的水平。最近宣佈的粵港澳大灣區規劃涉及珠三角地區的11個城市，包括香港和深圳在內，該規劃可望帶來某些經濟刺激，以緩和貿易戰對該地區的衝擊。

從上述分析來看，貿易戰應該不會給中國經濟造成過於顯著的破壞。2018年第三季度，中國的實際GDP同比增長率為6.5%，略低於第二季度的6.7%。這是2009年第一季度（6.2%）以來中國的實際GDP的最低季度增長率。圖4.15中，中國實際國內生產總值的季度增長率，按年顏色編列，第一季度為淺綠色，第二季度為紅色，第三季度為黃色，第四季度為藍色。從圖4.15中可以清楚地看出，中國實際GDP增長率已經穩定下來。[27]

就區域而言，2018年前三季度，廣東省實際國內生產總值增長6.9%，高於2017年同期的6.7%。前三季度浙江省實際國內生產總值增長7.5%，較2017年的7.6%略有下降。深圳的實際國內生產總值在前三季度增長了8.1%，而2017年為8.8%。因此，迄今為止，即使對於出口導向的省份而言，貿易戰的實際影響相當小。也許現在評估貿易戰的全面影響仍為時尚早，因為貿易戰導致的出口訂單減少，不會嚴重影響到2018年底或2019年初的生產。也有可能中國出口商在新關稅生效的最後期限前加速生產和

---

26　國際貨幣基金組織的預測於2018年10月18日公佈：2018年和2019年發達經濟體的增長率分別為2.4%和2.1%，新興經濟體和發展中經濟體增長率為4.7%。

27　人們應該比較相同顏色的色條，以排除季節性影響。

圖4.15　中國的實際GDP的季度增長率

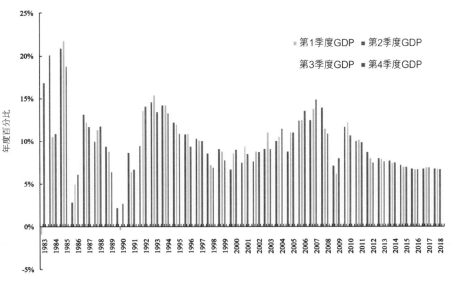

資料來源：中國國家統計局。

交付。但是，如上所述，即使在最嚴重的情況下，即實施新關稅後中國完全停止對美國的商品出口，負面影響也是可以控制的。

## 對香港經濟的實際影響

貿易戰對中國香港特別行政區的經濟會有何影響？傳統上，進出口對香港經濟至關重要，在香港開埠後的第一個世紀，它是連接華南與全球經濟的繁榮的中轉港。其進口來自世界各地，包括中國大陸，然後再出口到中國大陸和全球其他地方。香港自身的出口產品——即在香港生產的出口商品——則非常少。但在1950年的朝鮮戰爭爆發後情況劇變，由美國和聯合國牽頭對中國大陸實施了貿易禁運。

　　為適應新形勢，香港發展出了本土輕工業，逐漸成為服裝、

圖4.16 香港對全球的商品和服務出口、商品出口、再出口、本地出口與香港GDP的百分比

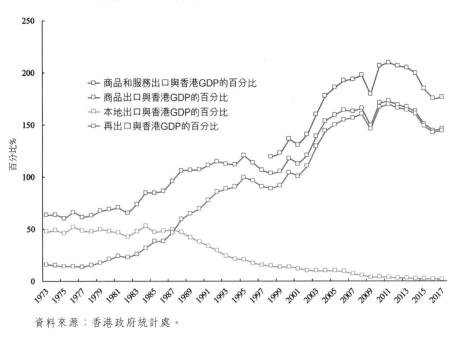

資料來源：香港政府統計處。

塑料花、玩具、假髮及其他輕工業產品的重要出口方。在貿易禁運導致再出口枯竭後，本地商品出口佔據了重要地位。1973年，香港的商品出口總值相當於GDP的63.1%，其中有近四分之三是本地出口商品（見圖4.16）。

圖4.16顯示的是1973年以來香港的全部商品和服務出口、商品出口、再出口和本地出口的變化情況。[28]自1980年代早期開始，香港的商品和服務出口總值與GDP的比重逐漸提升，隨著中國大陸的改革開放，中轉貿易重新成為可能。到2011年頂峰時，香港對全球的商品和服務出口達到相當於本地GDP的209.5%的

---

28 遺憾的是，香港沒有公佈1998年之前的服務出口的數據。

圖4.17　香港對美國的商品和服務出口、商品出口、再出口、本地出
　　　　口與香港GDP的百分比

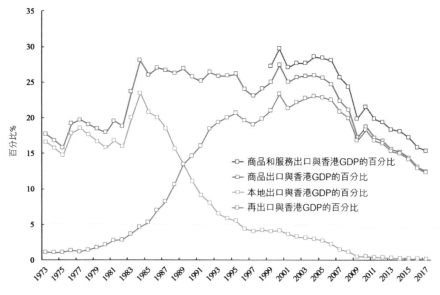

資料來源：香港政府統計處；服務業出口數據來自美國商務部經濟分析局。

天量，僅商品出口就達到172.7%，服務出口為36.8%。服務出口
增長主要源於旅遊業的快速發展，來自中國大陸快速提高的收入
和2005年實施的「自由行」制度的推動。到2017年，香港的全部
出口與GDP的比值下降至176.2%，商品出口為145.7%，服務出
口為30.5%。旅遊業在今天依然是香港經濟的支柱之一。從這些
數字可以看出，香港經濟在過去和現在對商品和服務出口是多麼
依賴。

　　同一時期，香港的全部出口的構成也發生了巨大變化。1984
年，本地出口相當於香港GDP的52.6%，到2017年，已滑落至微
不足道的1.6%。同時，幾乎都是以中國大陸為目的地或貨源地的
再出口，則從1973年相當於香港GDP的15.8%提升至2011年頂峰

時的169.3%。此後到2017年雖已小幅下滑至144.1%，但依舊是個
很高的數字。再出口佔比的下滑既是因為中國加入世界貿易組織，
也是因為大陸的港口發展使貨物不必再從香港轉口。但值得一提
的是，再出口中的本地增加值佔比極低，不超過幾個百分點，而且
大多數是通過航運業終端。因此雖然再出口與香港GDP的比值極
高，它對香港GDP和就業的真實貢獻並不能同旅遊業相比。

　　圖4.17顯示的是香港對美國的商品和服務出口、商品出口、
再出口以及本地出口。香港對美國的本地商品出口完全不適用美
國對中國的新關稅措施，但香港對美國的中國商品再出口則適用
美國的新關稅，並會受到影響。香港對美國的再出口與本地GDP
的比值從1.1%快速提升至2000年頂峰時的23.3%，然後到2017年
滑落至12.3%。但上文已經提到，香港再出口到美國的中國商品
中的香港本地增加值佔比極低，因此對香港GDP的實際影響完
全可以忽略。香港對美國的本地出口在1984年時高達其GDP的
23.4%，可是到2017年已下滑至微乎其微的0.1%。香港在2017年
對美國的服務出口相當於本地GDP的2.9%。無論如何，香港對
美國的本地商品出口和服務出口都不受美國的新關稅的影響。

　　總之，中美貿易戰對香港經濟的直接實際影響會很小，並肯
定是可控的。無論對香港有何經濟影響，基本上都應該屬間接性
質。例如，香港的股票市場已經受到負面衝擊，包括平均股價水
平、[29]公開上市（IPO）發行量和每日成交量等。對大陸的香港直接
投資者將受到影響，他們投資的企業的利潤可能受到美國新關稅
的負面衝擊。然而，其中許多企業已經把業務分散到了越南、柬
埔寨、孟加拉國和印度尼西亞，能夠用不受美國新關稅影響的供

---

29　　見本章的圖4.1。

圖4.18　美國對全球的商品和服務出口、商品出口與美國GDP的
　　　　百分比

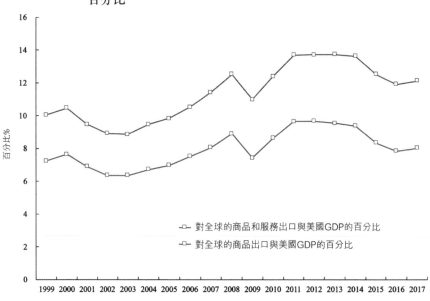

資料來源：美國人口普查局、美國經濟分析局。

給來源以替代中國大陸企業對美國的出口。

　　來自大陸的旅遊業是香港經濟的重要支柱之一，也有可能由
於大陸經濟增長顯著放緩而受到波及。不過，筆者的判斷是貿易
戰對中國經濟的實際影響可能最多略高於GDP的1%。來自美國
的旅遊業同樣可能受中美關係緊張的影響，但總體幅度應該相對
較小。在中國加入世界貿易組織和《多種纖維協定》(MultiFibre
Arrangement) 被廢除前，往往有中國生產的商品在香港完工，以
便把香港作為貨源地。然而這種做法違反了國際貿易中的「原產
地規則」(country of origin rules)，不應該再允許使用，尤其是在
中美貿易戰期間。

圖4.19　美國對中國的商品和服務出口、商品出口與美國GDP的
　　　　百分比

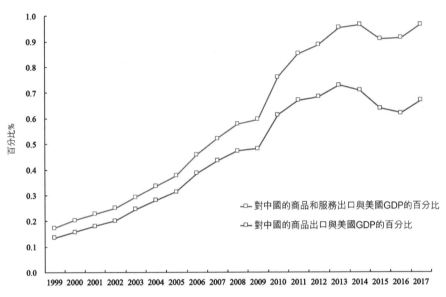

資料來源：美國人口普查局、美國經濟分析局。

## 對美國經濟的實際影響

中國對貿易戰的反制措施是，對總值為1,100億美元的美國商品實施新關稅，第一批500億美元，稅率為25%，第二批600億美元，稅率為10%。這些關稅會給美國造成何種經濟影響？美國作為規模巨大的大陸經濟體，有龐大的國內市場購買力，其出口依存度比中國更低。美國2017年的商品和服務出口合計僅相當於GDP的12.1%（見圖4.18），商品出口僅相當於GDP的8.0%。美國對中國出口的商品和服務在2017年分別僅為其GDP的0.97%和0.67%（見圖4.19），比中國向全球和美國的出口與中國GDP的比例低得多。

圖 4.20　美國對全球和對中國的商品出口的年增長率

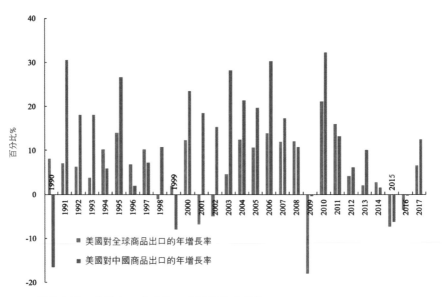

資料來源：美國人口普查局、美國經濟分析局。

　　美國對中國的商品出口中，直接的國內增加值佔比在 2015
年估計為 50.8%，幾乎是中國對美國的出口中直接的國內增加值
佔比（25%）的兩倍。[30] 因此，假設美國對中國的全部商品出口
陷入停滯，對美國 GDP 造成的直接最大損失可以估計為 0.34%
（= 0.67% × 0.508），比假設中國對美國的全部商品出口陷入停滯時
給中國 GDP 造成的損失（0.85%）更小。此外，美國對中國的商品
出口全部停滯不太可能發生，例如，中國很可能會繼續大量進口
計算機芯片。假設美國對中國的商品出口有一半陷入停滯，給美
國的 GDP 造成的損失約為 0.17%。這對美國經濟總體而言並不顯

---

30　陳錫康、王會娟，2016；表 2.6、2.8。

著，尤其是考慮到2018年第二季度美國的GDP季度增長率回升
到4.2%，[31] 美國在2017年的人均GDP高達59,518美元。[32] 因此美
國經濟可以輕鬆承受0.17個百分點的增長率降幅。

　　如果考慮到貿易戰的間接影響，即美國出口減少導致的第二
輪、第三輪及更多輪次的效應，出口商品價值中受影響的國內增
加值佔比將達到88.7%。[33] 這意味著，如果美國對中國的商品出口
有一半陷入停滯，給美國的GDP造成的最終損失可能達到0.30%
（＝0.67%／2×0.887）。以絕對數算相當於2017年價格的580億美
元（0.30×19.4萬億美元），不及中國的預計GDP損失（1,370億美
元）的一半。

　　然而，目前並非美國對中國發動貿易戰的有利時機。美國對
中國的出口增速比對全球的出口增速快得多（見圖4.20），說明如
果不被貿易戰影響，龐大而成長中的中國市場本可以成為美國出
口的重要增長點。此外美國對中國的服務貿易有著顯著並在擴
大的順差，美國政府估計2017年為400億美元，中國官方估計為
550億美元（見第3章附錄的附表A3.3、A3.4），如果中美關係繼
續惡化，可能受到威脅。美國對中國的服務出口有很大部分是在
教育和旅遊業，到美國的中國學生（目前總數約35萬人）和遊客的
支出一直在快速增長。而且他們來到美國還能促進兩國民眾之間
的相互理解，改善長期關係。到中國的美國學生和遊客也能發揮
同樣的作用。

---

31　https://www.bea.gov/news/2018/gross-domestic-product-2nd-quarter-2018-third-
　　estimate-corporate-profits-2nd-quarter-2018。
32　由美國官方統計的2017年GDP除以2017年年中的人口數計算得出。
33　陳錫康、王會娟，2016；表2.6、2.8。

　　對中國向美國的出口實施新關稅，不太可能成功消除美中貿易逆差，因為中國可能以報復措施減少美國在同期向中國的出口。貿易戰的問題在於不會有真正的贏家，雙方可能的消費選擇被人為限制和縮小，兩國都將受損。兩國的出口商都會因為出口下降而受害，兩國的進口商的業務也將萎縮。依靠進口產品與投入品的兩個國家的消費者和生產商則必須支付更高的價格。殘酷的貿易戰無論持續期多短，都會給未來的貿易和投資決策帶來巨大不確定性，極具破壞作用。還有，如果國家間的協定能夠被輕易推翻，條約可以被隨意撕毀，長期貿易協定就會失去可信度和有效性。針對特定國家的此類新關稅最可能造成的最終結果，就是美國進口商用來自其他國家的進口替代來自中國的進口，中國進口商也將如法炮製。這樣一來，儘管美國對中國的貿易逆差會下降，對其他國家的貿易逆差卻會增加，美國對全球的貿易逆差將不會有顯著改善，其GDP和就業也不會因此得到充分促進。

　　美國總統特朗普的主要目標是贏得2020年的連任。特朗普在2016年總統競選中確實向支持者們承諾過，要強硬對待中國，他把中國作為反派角色，在中期選舉中不斷予以打擊，因為中國在其基礎選民中是個熱門話題。隨著美國中期選舉塵埃落定，他或許會選擇暫時緩和關係。但由於選舉結果形勢膠著，作為反對黨的民主黨在眾議院佔據了多數地位，[34] 很難預測他未來的政策走向。他或許會選擇在貿易戰中偃旗息鼓。但如上文所述，貿易戰造成的經濟損失對中國和美國而言都應該是在可控範圍之內。

---

34　預計將擔任眾議院議長的南希·佩洛西（Nancy Pelosi）也以對中國的批評態度而聞名。

# 附錄

**附表A4.1　中國CFETS指數使用的貿易加權貨幣籃子中的權重**

| 貨幣 | 2017年前的權重 | 2017年1月1日後的權重 |
|---|---|---|
| 美元 | 0.264 | 0.224 |
| 歐元 | 0.2139 | 0.1634 |
| 日元 | 0.1468 | 0.1153 |
| 港元 | 0.0655 | 0.0428 |
| 英鎊 | 0.0386 | 0.0316 |
| 澳元 | 0.0627 | 0.044 |
| 新西蘭元 | 0.0065 | 0.0044 |
| 新加坡元 | 0.0382 | 0.0321 |
| 瑞士法郎 | 0.0151 | 0.0171 |
| 加元 | 0.0253 | 0.0215 |
| 馬來西亞林吉特 | 0.0467 | 0.0375 |
| 盧布 | 0.0436 | 0.0263 |
| 泰銖 | 0.0333 | 0.0291 |
| 南非南特 | 0 | 0.0178 |
| 韓元 | 0 | 0.1077 |
| 阿聯酋迪拉姆 | 0 | 0.0187 |
| 沙特里亞爾 | 0 | 0.0199 |
| 匈牙利福林特 | 0 | 0.0031 |
| 波蘭波幣 | 0 | 0.0066 |
| 丹麥克朗 | 0 | 0.004 |
| 瑞典克朗 | 0 | 0.0052 |
| 挪威克朗 | 0 | 0.0027 |
| 土耳其里拉 | 0 | 0.0083 |
| 墨西哥比索 | 0 | 0.0169 |
| 合計 | 1.000 | 1.000 |

資料來源：中國外匯交易中心。

**第 2 部分**

# 對手和夥伴：
# 中美面臨的挑戰和機遇

# 第5章

# 高度有利的互補

兩個經濟體的互補性取決於人口的規模和其他統計特徵，土地、水源、礦產和其他資源的相對自然稟賦，有形資本和無形資本（包括人力資本和研發資本）的既有存量，以及發展階段的差異（對各自的總需求和總供給結構有重要影響）等因素。正是這些差異給兩個經濟體的合作與貿易往來創造了機遇，使它們互為補充。在各個方面都完全相同的經濟體則彼此之間沒有什麼東西可以進行貿易。

中國和美國在經濟上高度互補。中國所稀缺的，在美國很豐富，反之亦然。例如，美國的人均耕地和便利水資源極為豐饒，中國則相反。中國有龐大的勞動力供給，美國則較為稀缺。兩國的居民也有極為不同的特點：中國人認為美國居民過於揮霍浪費，掙多少花多少，很少儲蓄；中國居民則通常是嚴格自律的儲蓄者。中美兩國的發展階段也顯著不同，美國經濟已進入後工業化時代，服務業佔主導地位；中國的服務業在整個GDP中佔比剛超過50%。

**表5.1　中美兩國的主要投入的對比**

| | 中國 | | | 美國 | | |
|---|---|---|---|---|---|---|
| | 2015 | 2016 | 2017 | 2015 | 2016 | 2017 |
| 人口，千人 | 1,374,620 | 1,382,710 | 1,390,080 | 321,323 | 323,668 | 325,983 |
| 可耕地，千公頃 | 134,999 | 134,921 | 134,863 | 152,263 | 152,263 | |
| 有形資本存量，10億美元，2016年價格 | 21,268 | 23,405 | 25,351 | 26,953 | 27,657 | 28,061 |
| 研發資本存量，10億美元，2016年價格 | 898 | 1,015 | 1,139 | 4,005 | 4,106 | 4,205 |
| 工作年齡段（15–64歲）人口數 | 996,030,376 | 995,072,896 | 993,792,919 | 212,357,568 | 213,254,816 | 213,911,387 |

資料來源：中國的年底人口數，來自中國國家統計局；美國的年中人口數，來自美國經濟分析局；中國的可耕地，來自中國國家統計局；美國的可耕地，來自聯合國糧食及農業組織；有形資本存量，由筆者根據相關國民收入賬戶數據估算；研發資本存量，來自 Lawrence J. Lau and Yanyan Xiong, 2018 的相關估算；工作年齡段人口數，來自世界銀行世界發展指數數據庫。

## 主要投入與要素比例的對比

表5.1對中美兩個經濟體的主要要素投入做了對比，包括勞動力（及人口）、可耕地、有形資本（包括建築和設備）以及研究開發資本等。中國的人口超過美國的4倍多。兩國的可耕地與有形資本存量差別沒那麼大，但從人均水平或工作年齡段人口平均水平看，差異則非常明顯。美國的研發資本存量幾乎是中國的4倍。

當然，真正重要的並非各種主要要素投入的絕對數量，而是各種投入與人口或勞動力的相對數量。表5.2對比了兩個經濟體的要素比例水平。在人均可耕地指標上，美國幾乎是中國的5倍。與之類似，美國的人均實際有形資本也幾乎是中國的5倍。美國的人均研發資本更是相當於中國的15倍。這表明，有形資本和研發資本密集型的生產活動更適合在美國，而非在中國開展。

表5.2　中美兩國的要素比例對比

| | 中國 | | | 美國 | | |
|---|---|---|---|---|---|---|
| | 2015 | 2016 | 2017 | 2015 | 2016 | 2017 |
| 人均可耕地，公頃 | 0.098 | 0.098 | 0.097 | 0.474 | 0.470 | |
| 人均有形資本存量，美元，2016年價格 | 15,472 | 16,927 | 18,237 | 83,880 | 85,448 | 86,080 |
| 人均研發資本存量，美元，2016年價格 | 654 | 734 | 819 | 12,463 | 12,685 | 12,900 |
| 人均工作年齡段人口數 | 0.725 | 0.720 | 0.715 | 0.661 | 0.659 | 0.656 |

資料來源：本表的數字由作者根據表5.1計算得出。

## 儲蓄率和資本—勞動比

圖5.1顯示了中國、日本和美國的儲蓄率對比。把日本加入，既是因為它是全球第三大經濟體，更重要的也是希望表明中國和美國在某種程度上都屬於例外情形。以全球標準看，中國的儲蓄率超高，而美國超低。各經濟體的儲蓄率不同來自多種原因：發展階段，人均實際GDP水平，社會保障體系是否充分、成熟和可靠，財富與儲蓄的替代關係等。本書不打算分析各國儲蓄率不同的原因，只是提示說，在現實中各國確實差異巨大。儘管中國的投資率相當高，卻依然有富餘儲蓄沒有在本國得到充分利用。這正是中國出現大量過剩的製造業產能的原因之一。如果能夠設法把中國的富餘儲蓄配置到國內投資率超過國內儲蓄率的美國，則中美兩國都會從中受益。

　　過去，美國對中國的直接投資遠遠超過中國對美國的直接投資。美國企業把資本、技術、商業方案以及全球市場接入口帶到中國。隨著中國企業的成長與繁榮，它們也開始擴張和多樣化，開始向海外投資。中國對美國的直接投資在近年來快速增加。但美國政府的美國海外投資委員會（Committee on Foreign Investment

圖 5.1　儲蓄率：中國、日本與美國的比較

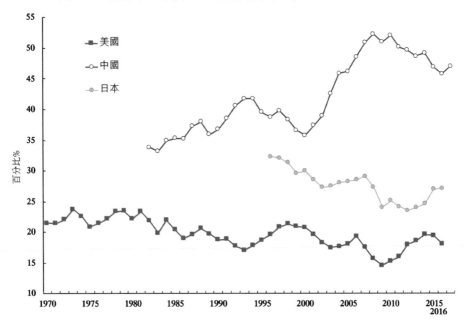

資料來源：中國國家統計局、美國經濟分析局、世界銀行世界發展指數數據庫。

in the U.S., CFIUS）近來加強了對來自中國的直接投資的審查，可能使增速減慢。同樣，隨著中國的居民越來越富裕，他們也希望實現投資組合的多樣化，開始涉足美國資本市場。隨著中國的人口逐漸走向老齡化，老人儲蓄將開始出現負增長，屆時中國在美國的投資可以返回國內，支持退休人員的養老生活。筆者的結論是，促進中美在利用中國富餘儲蓄方面的合作，以提高兩國的儲蓄和投資的利用效率，還有很大的潛力可挖。

　　不過，即使有極高的儲蓄率，與日本和美國相比，中國的資本—勞動比仍處於低水平（見圖 5.2）。[1] 美國的單位工作年齡段人

---

1　美國的資本—勞動比出現下降的原因目前並不清楚，或許是因為 1973 年的「石油衝擊」，導致大量資本設備被沖銷。

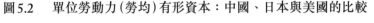

圖5.2 單位勞動力(勞均)有形資本:中國、日本與美國的比較

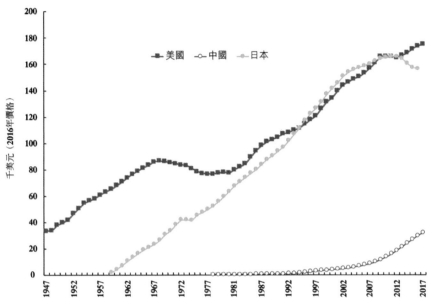

資料來源:來自作者的估計。

口的有形資本存量約為175,000美元(2016年價格),幾乎是中國的6倍(32,000美元)。如此大的資本密集度差異是美國工人的平均生產率高於中國工人的一個主要原因,也說明中國經濟還有進一步快速增長的巨大空間。像中國這樣有著極高國內儲蓄率的經濟體,資本─勞動比卻仍然相對落後,看似有些矛盾。其背後的基本原因與中國的人口乃至勞動力規模龐大有關。

決定某個經濟體的勞動生產率的另一要素是長期積累的人力資本數量。如今,中國的工作年齡段人口中有大學學歷以上的人的佔比約為5%,而美國的相應比例超過30%。這個差距很大,只能隨著新一代中國學生升入大學而緩慢、逐步地縮小。

另一種無形資本是研究開發資本。研發資本對創新和技術進

步非常重要。上文的表5.1和表5.2顯示，中國總體上還遠遠落後。這一關鍵課題將在本書第7章專門討論，筆者將對中國與美國以及全球部分國家和地區進行對比分析。

## 美國的第三產業（服務業）與中國的剩餘勞動力

經濟互補性的另一維度是不同產業部門創造的GDP和就業份額之間的差距。2017年，中國的GDP以產業部門劃分如下：第一產業佔10%，第二產業40%，第三產業50%（見圖5.3）。相比之下，美國在2017年的GDP細分到各產業部門為：第一產業佔1%，第二產業19%，第三產業80%（見圖5.4）。中國的各產業部門在就業中所佔份額分別為：第一產業30%，第二產業30%，第三產業40%（見圖5.5）。美國的各產業部門在就業中所佔份額則為：第一產業1%，第二產業15%，第三產業84%（見圖5.6）。中國的服務業在過去十年快速增長，已成為最大的產業部門，可以在技術、商業模式和運營流程等方面大力借鑒美國服務業的經驗。事實也的確如此，快餐、網上零售、優步（Uber）等叫車服務已經在中國遍地開花。中國的第一產業在就業和GDP中的佔比（分別為30%和10%）則表明，該產業依然存在大量的剩餘勞動力供給，而美國的第一產業顯然已沒有了剩餘勞動力（在就業和GDP中的佔比均為1%），這同時表明美國的第一產業的勞動效率遠高於中國。

　　在1978年時，中國第一產業有數量龐大的剩餘勞動力（佔比達70.5%）。因此，選擇輕工業製造作為核心的出口驅動產業非常正確。從技術水平的角度看，中國必須接受把高附加值和高技術產品交給美國這樣的發達經濟體去生產。在開放初期，大多數外

圖5.3    中國各產業部門在GDP中的佔比

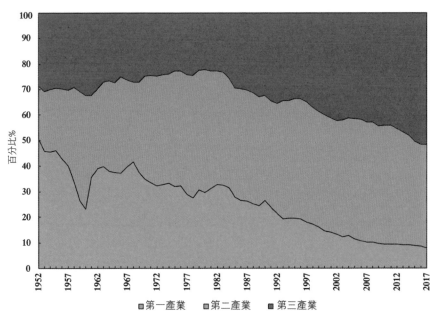

資料來源：數據來自中國國家統計局。

圖5.4    美國各產業部門在GDP中的佔比

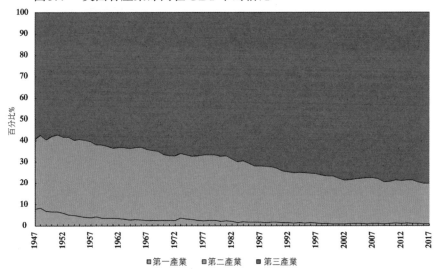

資料來源：數據來自美國經濟分析局。

圖5.5　中國各產業部門在就業中的佔比

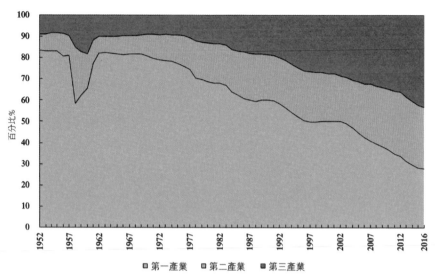

圖5.6　美國各產業部門在就業中的佔比

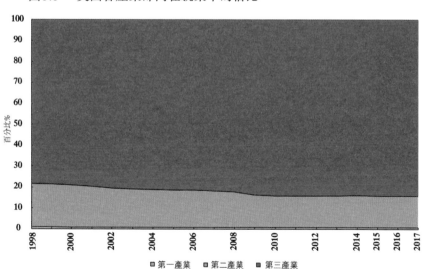

國製造業投資是輕工製造業方面的「加工組裝」業務，[2] 利用低工資的優勢，把中國作為面向全球出口的製造基地。[3] 正是通過這條道路，中國成長為「世界工廠」。而隨著中國的人均實際GDP繼續提高，越來越多的中國居民加入中產行列，中國居民的實際消費的增速達到實際GDP增速的1.5倍，讓中國同時變成了「世界市場」。

## 技術和規模

美國是世界的創新領先者，在科技實力上遠遠超過中國（本書第7章對此將有更詳細的論述）。中國在許多產品上依然依賴美國，例如大型飛機和高級半導體等。中國未來還將需要美國大量的技術支持。當然，中國也在用自己的方式開展創新，例如在早期移動電話業務中利用短信服務、後來利用微信支付作為個人支付手段，都是新型的、面向消費者的中國式創新。不過核心技術和通信軟件還基本上是從海外借鑒而來。

中國市場規模巨大，意味著很多產業很容易實現規模經濟。美國經濟也同樣如此。對移動電話等高技術產品來說，只要能在這兩個巨大市場贏得客戶，任何企業都能收穫高額利潤。有一個像美國這樣的巨大市場，企業就完全可以把全部研究開發費用攤銷掉。如果有第二個巨大市場，銷售量將翻番，而利潤的增幅則會更大，因為固定的開發費用已經被完全攤銷了。例如蘋果公司

---

2　加工組裝業務是這樣的製造業務，設備和所有中間投入品都來自進口，所有的產品都用於出口，本國的唯一投入是勞動力。

3　當中國最早啟動對外開放時，依然維持著指令性的中央計劃。為避免干擾中央計劃的完成，外國投資企業生產的產品不能在中國銷售，除勞動力以外的其他投入也不能在中國購買。

開發的 iPhone 手機就是這樣的案例，它在中美兩國市場上都引來大量追捧。高技術消費品是市場規模最能發揮效應的領域。各國的協作互助能給生產商和消費者帶來共贏。例如，中美兩國聯合開發出共同的、或者至少能協調的 5G 標準，應該對雙方所有的高技術企業都有好處。

　　總之，本章分析了中美之間許多經濟互補的特徵。這意味著開展互利合作大有可為。貿易戰會造成雙輸結局，對兩國充分利用所有可能的合作機遇造成阻礙，這是應該盡量避免的。

# 第6章

# 不容迴避的經濟競爭

1978年改革開放後，中國經濟保持了極快的增長。1994年的外匯改革統一了之前的多重匯率，人民幣大幅貶值，實現了經常項目可兌換，使增速繼續加快。2001年，中國加入世界貿易組織，進一步促進了增長率（見圖6.1）。這些使中國的實際GDP從1978年的3,690億美元增長至2017年的12.7萬億美元（2017年價格）。自1978年啟動經濟改革以來，中國經濟未在任何一年出現過負增長，這40年中的年均增長率接近10%。直到2008年全球金融危機後，中國經濟增速才開始放緩。

通過圖6.1可以看到改革開放給中國經濟帶來的巨大影響。改革前的增長率有大幅且難以預測的波動，導致1978年之前的實際GDP增長很有限。在改革啟動後，經濟增長變得持續、快速且穩定。另一個有趣之處是初始水平的重要性。儘管中國在1978年之後的增長率明顯高於美國，但實際GDP總量到2017年仍顯著低於美國。兩國的人均實際GDP就更是如此（見圖6.2）。

中國的人口自1978年後也在持續增長，因此人均實際GDP的增速不及實際GDP總量的增速。中國的人均實際GDP從1978年的383美元提高到2017年的9,137美元（2017年價格），年均增長

圖6.1　　實際GDP及年增長率：中國與美國的比較

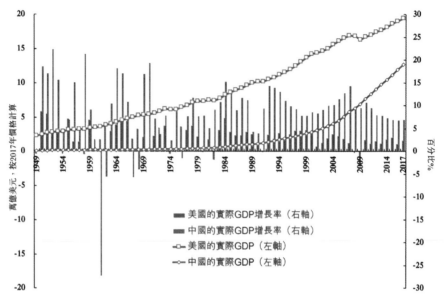

資料來源：中國國家統計局、美國人口普查局、美國經濟分析局。

率為8.1%，沒有任何中斷，實現了接近23倍的增幅（見圖6.2）。
中國從一個非常貧窮的國家，人均GDP剛好超過每天1美元的
維持基本生活的水平，在略多於一代人的時間裡，幾乎提升到中
等收入國家的水平。[1] 即使如此，中國在世界各國人均實際GDP
排名中仍居70位之後。在改革前的1949–1978年，中國人均實際
GDP的年均增長率為5.2%。

　　圖6.2對比了中國和美國的人均實際GDP水平及增長率。該
圖顯示以2017年價格計算，儘管中國的增長率高得多，人均實際
GDP（9,137美元）依然遠遠落後於美國（59,518美元），不及其六
分之一，而且落後態勢看來還會維持很長時間。

---

1　中等收入國家的門檻通常採用人均GDP為12,000美元的標準。

圖6.2　人均實際GDP及年增長率：中國與美國的比較

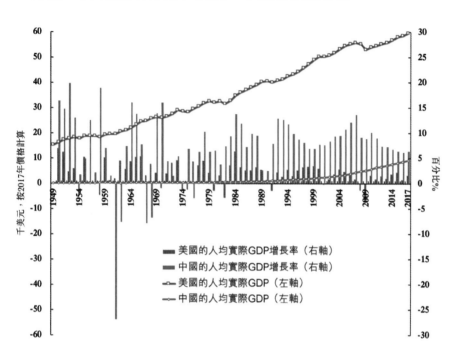

資料來源：中國國家統計局、美國人口普查局、美國經濟分析局。

　　從對比中可以看到，中國的實際GDP從2000年相當於美國20%提升至2017年的三分之二左右。中國的GDP總量趕上美國只是個時間問題，或許會在2030年代早期實現（見筆者在圖6.5中的預測）。正是由於中國經濟的快速成長，如今美國視中國為戰略對手。目前的中美貿易戰只是美國和中國圍繞經濟與技術主導地位開展角逐的一個表現。

　　然而，中國的經濟增長從來不是為了同美國競爭全球最大經濟體的地位，而是源於中國民眾改善生活水平、實現小康的願望，今天依然如此。由於擁有14.2億的龐大人口，人均實際GDP水平的任何顯著提高都必然帶來GDP總量的巨大增長。但我們

應時刻意識到，即使在長達40年的高速增長後，中國的人均實際
GDP也才剛剛超過9,000美元（2017年價格），不及美國的六分之
一（見圖6.2）。還需要指出，雖然美國在19世紀最後十年已成為
世界最大經濟體，但直到半個世紀之後的二戰結束時，美國才真
正成為有全球支配地位的強國。以人均實際GDP指標來看，中國
落後於美國的局面會持續到21世紀末。

## 對中國經濟和美國經濟的長期預測

在圖6.5中，筆者對中國和美國的實際GDP到2050年的長期增長
做了預測。假設在2018–2050年，中國經濟將繼續在今後幾年保
持6–6.5%的增速，然後逐漸下滑至5–6%的水平；美國經濟則將
以年均3%的速度增長。

　　有人或許會質疑，中國經濟能否在如此長的時間內維持這樣
高的平均年增速。世界各國的經驗表明，一個經濟體的實際增
長率會隨著人均實際GDP的提高而下降。圖6.3用散點圖的形式
對比了中國、日本和美國的實際GDP增速與人均實際GDP水平
的對應關係，顯示隨著人均實際GDP提高，實際GDP的增長率
確實在下降。然而該圖同時表明，今天的中國人均實際GDP水
平仍相對較低（2017年為9,137美元），仍屬於較低的區間，因此
依然可以維持較高的實際GDP增速。當美國的人均實際GDP為
40,000–50,000美元時，實際GDP的年均增長率為3.7%。[2] 而中國
的實際人均GDP水平預計直至2045年才會超過40,000美元（2017
年價格）。見後文的圖6.6。

　　此外，本書第五章已經提到，中國經濟在第一產業部門依然

---

2　　在計算年均增長率時，1991年的衰退期被剔除。

圖6.3　實際GDP增長率與對應的人均GDP水平：中國、日本與美國的比較

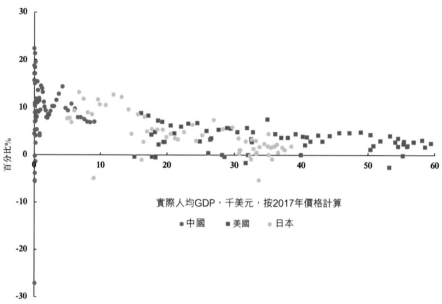

資料來源：Lawrence J. Lau, forthcoming (b)。

有較多的剩餘勞動力。圖6.4以散點圖的形式展示了部分國家和地區的第一產業的就業佔比與GDP佔比的對應關係。中國的第一產業的就業佔比為27.7%，而GDP佔比僅為8.6%。日本、韓國和中國台灣在第一產業的GDP佔比與中國相當時，其就業佔比分別為24.7%、17.9%和21.5%。這意味著，中國依然有較多數量的剩餘勞動力可以從第一產業轉移出來，投入生產率更高的第二和第三產業，使中國的實際GDP能繼續維持較高增速。

　另外如第5章的圖5.2所示，中國在2017年的單位勞動力的有形資本存量很低，[3] 僅為32,248美元（2016年價格），而美國為

---

3　選用的計算分母是就業人數與失業人數之和，即全部潛在就業人口。

圖6.4　　部分經濟體的第一產業在就業和GDP中的佔比：中國大
　　　　陸、中國台灣、韓國與日本的比較

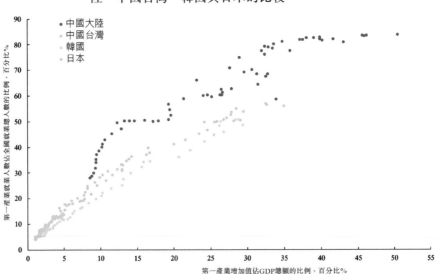

資料來源：Lawrence J. Lau, forthcoming (b)。

175,029美元，這表明中國的資本—勞動比還有很大的提升潛
力，能促進勞動生產率的提高。此外，中國經濟尚未經歷技術進
步或全要素生產率增長的階段。中國經濟也存在顯著的規模經
濟。因此，中國在未來數十年內維持5%左右的較高的年均增長率
還是有可能的。與今天的美國一樣，未來中國經濟增長的主要驅
動力最終會是創新，而不再是有形資本和勞動，但這尚需時日才
會發生。

　　圖6.5展示了對中國和美國的實際GDP的長期預測，表明中
國的實際GDP將在2031年趕上美國，約為29.4萬億美元（2017年
價格）。到2050年，中國和美國的實際GDP預計將分別達到82萬
億美元和51萬億美元。做出這些預測的基礎是目前看來最大的可

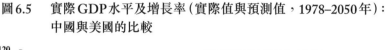

圖6.5　實際GDP水平及增長率（實際值與預測值，1978-2050年）：
　　　　中國與美國的比較

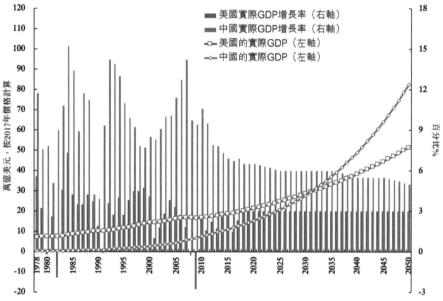

資料來源：中國國家統計局、美國人口普查局和美國經濟分析局、作者的
估計。

能性。中國和美國的實際GDP有可能以不同於上述的假設速度增
長，但筆者相信，中美兩國的長期平均增長率都不太可能顯著高
於這裡的假設值。

　　圖6.6展示了對中國和美國的人均實際GDP的長期預測，表
明中國的增長率雖然明顯更高，但人均實際GDP在未來幾十年內
依然會繼續遠遠落後於美國的水平。到2050年，美國的人均實際
GDP預計將達到134,000美元（2017年價格），依然是中國（53,000
美元）的2.5倍以上。筆者的預測顯示，中國的人均實際GDP直
到本世紀末才可能趕上美國。

圖6.6　　人均實際GDP水平及增長率（實際值與預測值，1978-2050
　　　　　年）：中國與美國的比較

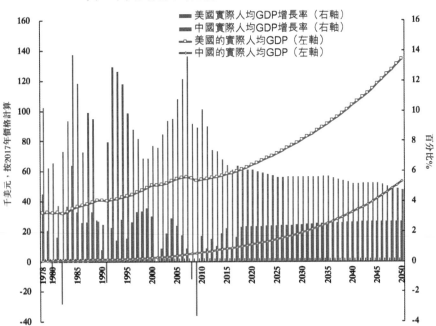

資料來源：中國國家統計局、美國人口普查局、美國經濟分析局、作者的
估計。

## 國際貿易

中國在世界商品和服務貿易中的份額一直在快速提高（見本書第1
章圖1.2）。從第3章的圖3.2和3.3中，我們看到中國如今已成為
僅次於美國的全球第二大貿易國（商品和服務貿易合計）。若僅考
慮商品貿易，中國已成為第一大貿易國。部分原因在於今天的中
國已不止是「世界工廠」，還是「世界市場」。

**表6.1 中國和美國作為世界前20大貿易國／地區的貿易夥伴地位排名對比（2017年）**

| 世界前20大貿易國／地區 | 中國作為該國家／地區的貿易夥伴的排名 | 美國作為該國家／地區的貿易夥伴的排名 |
|---|---|---|
| 中國大陸 | N/A | 1 |
| 美國 | 1 | N/A |
| 德國 | 3 | 4 |
| 日本 | 1 | 2 |
| 荷蘭 | 3 | 4 |
| 法國 | 8 | 5 |
| 中國香港 | 1 | 2 |
| 英國 | 3 | 2 |
| 韓國 | 1 | 2 |
| 意大利 | 5 | 3 |
| 加拿大 | 2 | 1 |
| 墨西哥 | 2 | 1 |
| 比利時 | 7 | 5 |
| 印度 | 1 | 2 |
| 新加坡 | 1 | 2 |
| 西班牙 | 5 | 7 |
| 俄羅斯 | 1 | 5 |
| 瑞士 | 3 | 2 |
| 阿聯酋 | 1 | 4 |
| 波蘭 | 7 | 10 |

資料來源：國際貨幣基金組織的《貿易方向統計年鑒》。

　　表6.1顯示的是，中國和美國在2017年世界商品貿易前20大貿易國的貿易夥伴中的排名情況。[4] 中國和美國分別是商品貿易的第一大和第二大貿易國，此外中美互為最重要的貿易夥伴。在世界前20大貿易國中，中國是其中8個國家的最重要貿易夥伴，包括美國、日本、韓國、印度和俄羅斯；美國則是其中3個國家的

---

4　數據來自國際貨幣基金組織的《貿易方向統計年鑒》（參見：http://data.imf. org/?sk=9D6028D4-F14A-464C-A2F2-59B2CD424B85），僅包括商品貿易。具體的雙邊服務貿易的數據無法獲得。

最重要貿易夥伴，包括中國、加拿大和墨西哥。在除中美以外的
18 個國家裡，中國在 11 個國家／地區的貿易地位超過美國，另外
7 個國家／地區則是美國超過中國。然而隨著中國開始喪失在輕工
製造產品方面的比較優勢，在重工製造品或高級半導體等高技術
產品上又尚未確立競爭地位，如今面臨轉型挑戰。美國則依舊是
最大的服務貿易國，對全球擁有巨大的服務貿易順差。[5]

## 美元和人民幣

中國希望看到人民幣更為廣泛地用於國際交易。目前人民幣僅用
於略多於 15% 的中國跨境貿易的開票、清算和結算（見圖 6.7）。
2010 年以前，幾乎所有的中國跨境貿易都是用美元結算。2010 年
才開始使用人民幣結算。人民幣的份額快速提升，到 2015 年第三
季度達到接近 35% 的峰值。可是在當年上海證券交易所股票價格
大跌後，人民幣突然意外貶值，使採用人民幣作為開票、清算和
結算貨幣的信心受到打擊，尤其是對於面向中國市場的外國出口
商。結果，人民幣結算的份額回落到略高於 15% 左右，此後一直
穩定在該水平。

　　即使如此，由於中國國際貿易的增長，[6] 到 2018 年 8 月，人民
幣已成為使用最廣泛的第五大結算貨幣，僅次於美元、歐元、英
鎊和日元，在全球結算中佔 2.1% 的份額。圖 6.8 顯示了前 20 大貨
幣在全球結算中所佔的份額，以及對應的各經濟體在世界貿易中
的份額。相對於中國在世界貿易中所佔的 9.75% 的份額而言，人

---

5　　應注意，這裡討論的貿易夥伴國排名只涉及商品貿易。

6　　把人民幣納入國際貨幣基金組織的「特別提款權籃子」（Special Drawing Rights
　　Basket）應該也起到了促進作用，因為會有更多的中央銀行願意持有人民幣作為
　　官方外匯儲備的組成部分。

**圖6.7　　以人民幣結算的跨境貿易**

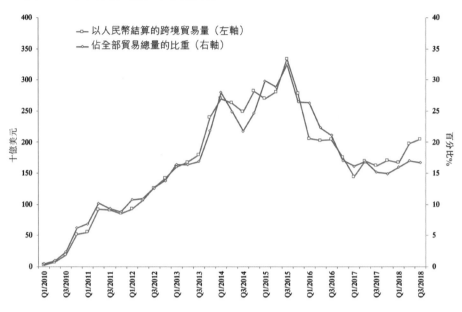

資料來源：中國國家統計局。

民幣的使用明顯不足。[7] 美元作為全球最廣泛使用的結算貨幣，
佔全球結算的近40%的份額，而2017年美國在世界貿易中佔比僅
11.7%。這表明有許多第三國採用美元來結算彼此之間的交易，
主要是因為它們對彼此的貨幣不信任也不希望接受。同樣是因為
這個原因，全球大多數中央銀行把美元作為最主要的官方外匯儲
備，因為很容易被其他國家接受。

　　於是，美國提供了一項有益的服務 —— 供應美元給許多第三
國，作為國際交易媒介和價值儲藏工具。美國可以用紙張（如紙
幣和債券）來支付其貿易逆差，能夠用接近於零的邊際成本任意

---

7　　這或許是部分因為人民幣還缺乏完全的可兌換性。

圖6.8　　世界結算貨幣佔比（2018年8月）

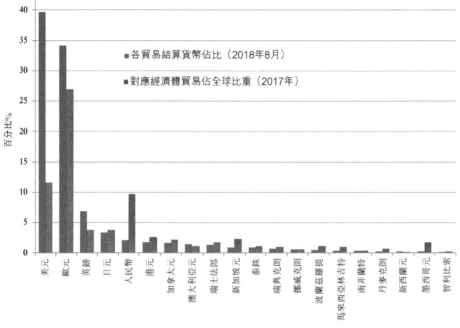

資料來源：國際貿易組織數據庫、Swift人民幣跟蹤。

印製。這可以帶來巨大的收益。美國在1970年代早期單方面放棄
兌換黃金的承諾，通過提供唯一能被廣泛接受的國際交易媒介（美
元），而獲得鑄幣稅，[8] 就此獲得了這一地位。[9] 此外，美國還能對
外國人接入和利用美國銀行體系加以控制，極大地發揮杠杆的作
用。

　　中國可能並不希望人民幣挑戰美元的統治地位。在中短期，
人民幣最可行、最可能的目標是接近日元的角色。日本目前約
有90%的國際貿易結算是採用本國貨幣（見圖6.8）。如果中國能

---

8　　鑄幣稅，英文為 Seigniorage，或 seignorage、seigneurage。
9　　這一收益估計可達每年3,500億美元。

把90%的跨境交易用人民幣結算,每年的絕對值相當於4萬億美元。這樣肯定會減少中國人民銀行所需要維持的外匯儲備的數額。假以時日,人民幣有可能在亞洲成為更廣泛使用的貨幣,包括在東盟國家以及一帶一路沿線國家等。

## 經濟自給能力

關鍵產品的經濟自給程度或潛在自給程度是國民經濟實力的重要指標。例如,軍事裝備就屬於此類關鍵產品。自身無法生產此類產品的國家將受制於供應方。除軍事產品外,能源和食品也是關鍵產品。如果沒有充足的能源和食品,任何國家都不能長期維持下去。中國在能源和食品上都是龐大的淨進口國。美國則依靠頁岩油氣技術的進步,在近期成為能源淨出口國,同時也是食品和農產品的出口大國。相比之下,中國已取代美國成為全世界最大的石油進口國,並且直接或間接的食品供給越來越依賴進口。這意味著中國遠比美國容易受到能源和食品供給中斷的打擊。缺乏自給能力使中國對外部擾動的衝擊更為脆弱。

　　對本章的小結是,儘管中國經濟在過去40年取得了巨大進步,實際GDP總量有望在大約15年後趕超美國,人均實際GDP在未來數十年內仍將落後於對方。中國在國際貿易上極具競爭力,但隨著工資和匯率升值,價值鏈位置提升,因此面臨挑戰。作為國際交易媒介或價值儲藏工具,人民幣在很長時期內尚不足以同美元抗衡。中國在關鍵產品上還遠未達到自給自足的程度。因此,中國在經濟上要與美國相提並論尚需等待時日。

# 第7章

# 技術追趕非一日之功 *

除實際GDP和人均實際GDP外，創新能力也是反映一個國家的經濟實力的重要指標，取決於其達到的科技水平。儘管中國為發展科技付出了巨大努力，也取得了顯著成就，卻仍普遍落後於美國，只有少數細分領域除外（如高速列車和量子通訊等）。持續的研發和人力資本投入對一個經濟體的創新產生至關重要。本章將重點對不同國家和地區的研發投入與科技水平進行比較分析。

不同國家和地區的研發投資水平有顯著差異。圖7.1展示了若干國家的年度研發支出同GDP的比率，其中包含西方七國（加拿大、法國、德國、意大利、日本、英國和美國），四個東亞新興工業化經濟體（中國香港、韓國、新加坡和中國台灣），中國以及以色列。[1]該圖表明，美國的該比率從較低水平起步，1953年為1.32%，到1957年快速提升至2.09%，部分原因是對蘇聯在當

---

\*　本章的很多內容來自筆者與浙江大學的熊豔豔教授的聯合研究。參閱：Lawrence J. Lau and Yanyan Xiong, 2018, Introduction。

1　加入以色列，是因為它是個重要的研發國家。

年成功發射斯普特尼克一號 (Sputnik I) 人造衛星做出的反應。自 1963 年來,美國的該比率在過去的半個多世紀裡一直穩定維持在 2.07–2.79% 之間,平均值為 2.5%。

中國該比率的起點更低,在 1953 年不足 0.1%,但快速提高,到 1960 年達到 2.57% 的峰值,與同年美國的水平相當。1963–1984 年,中國的比率事實上還高於加拿大、意大利和四個束亞新興工業化經濟體。[2] 然後驟然下跌到 1% 之下,到 1996 年達到 0.56% 的低谷,此後又穩定回升,到 2017 年達到 2.12%,再次超過加拿大、意大利和英國的水平,不過仍顯著落後於德國、日本和美國等發達國家,也不及新興工業化經濟體中的韓國和中國台灣。中國的比率按設想應該在 2015 年達到 2.2%,但並未實現。如今的目標是在 2020 年達到 2.5%,[3] 與美國的長期平均水平相當。可是即使達到 2.5%,中國的比率也會低於德國、美國、日本、韓國、中國台灣和以色列的預期水平。

歷史上,聯邦德國的該比率在 1975–1990 年與美國並駕齊驅。[4] 然而在 1990 年德國統一後,該比率長期低於美國,直到 2010 年才終於趕上。日本的該比率在 1963 年為 1.47%,然後持續提高,在 1989 年超過美國,並在此後一直顯著高於美國。從更近期來看,韓國在 2004 年趕上了美國的水平,並於 2009 年超過日本。2016 年,以色列在圖 7.1 所示的多個經濟體中佔據領先,研發支出與 GDP 的比率達到 4.25%,韓國以 4.23% 緊隨其後。中國香港則在

---

2　文革時期的 1966–1967 年除外。

3　《國家中長期科技發展規劃綱要 (2006–2020)》,可查閱:http://www.most.gov.cn/ kjgh/kjghzcq/。

4　由於只有聯邦德國在 1964–1990 年的研發支出數據,因此 1991 年之前的聯邦德國的研發支出與 GDP 的比率 (以及實際研發資本存量),與統一德國 (在 1991 年後有數據) 是分開顯示的。

**圖7.1　研發支出在GDP中的佔比：西方七國、四個東亞新興工業化經濟體、中國與以色列的比較**

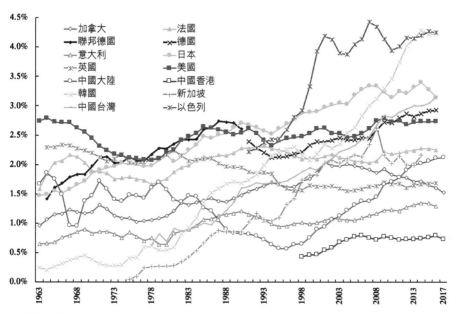

資料來源：Lawrence J. Lau and Yanyan Xiong, 2018。

這些經濟體中墊底，2017年僅為0.73%。

　　實際研發資本存量的定義是：過去的實際研發支出的累計值，再減去每年10%的折舊。它是反映當前的潛在創新能力的有效綜合指標，因為研發投入往往需要多年的持續努力才能產出新的發現和發明，實現回報。各經濟體在有最早的研發支出數據之前的初期實際研發資本存量，我們並不知道。筆者與合作者對此做了逐一的單獨估算。圖7.2展示了我們對部分經濟體在每年年初的實際研發資本存量的估計值。美國在2017年的實際研發資本存量為4.21萬億美元，在世界上遙遙領先。位居次席的日本為1.34萬億美元，有明顯差距。得益於GDP和研發支出佔GDP比率都在提高，中國的實際研發資本存量自2000年代早期以來一直快速

圖7.2　實際研發資本存量：西方七國、四個東亞新興工業化經濟
　　　　體、中國與以色列的比較

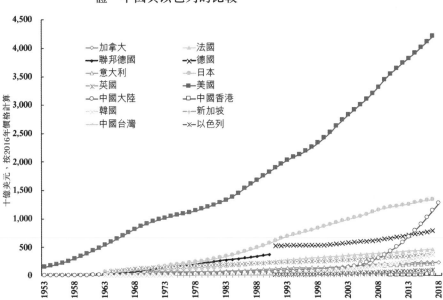

資料來源：Lawrence J. Lau and Yanyan Xiong, 2018。

增加。就實際研發資本存量的水平而言，中國其實已趕上了除美國和日本之外的大多數國家和地區，並將很快超越日本。不過即使以2017年的1.14萬億美元來看，中國的實際研發資本存量依然不足美國的30%。

　　圖7.3對於中國（紅色）和美國（藍色）的實際研發資本存量的水平（曲線）與增長率（柱狀）做了對比。該圖表明，雖然中國的實際研發資本存量的增長率一直顯著高於美國（2017年分別為12.2%和2.4%），中國的總存量仍遠遠不及美國。這將對兩國的相對創新率帶來影響，因為一個經濟體的實際研發資本存量的水平是其每年能夠產生的專利數量的重要決定因素。

　　研發支出可以劃分為三個不同類型：基礎研究、應用研究、

圖7.3　實際研發資本存量及增長率：中國與美國的比較

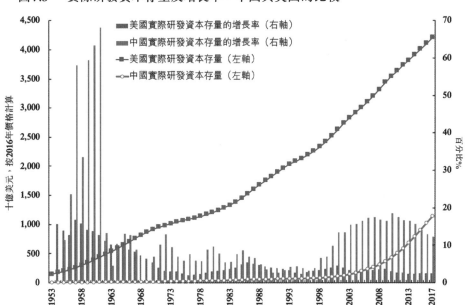

資料來源：Lawrence J. Lau and Yanyan Xiong, 2018。中國在1969年的研發資本存量增長率為 -0.03%（圖中未顯示），是唯一出現負增長的年份。

開發。基礎研究注重發現目前尚未掌握的新知識，可能沒有現成的應用和功能。應用研究注重回答現實中的具體問題或解決現實中的具體課題。開發則注重創造新的產品或服務，或對現有產品或服務加以改進。

　　眾所周知，只有擁有強大基礎研究實力的經濟體才能持續產生突破性的發現和發明。因而從長期來看，只有通過對基礎研究的大量投入才能帶來創新的領先地位。圖7.4展示了部分經濟體的研發支出中用於基礎研究的比例。[5] 根據現有數據，意大利和法國在這些經濟體中居於前列，對基礎研究的投入約佔25%。美國的

_____

5　可惜的是，這裡涉及的某些經濟體沒有關於基礎研究指出的數據。

圖7.4　基礎研究支出在研發總支出中的佔比：部分國家和地區

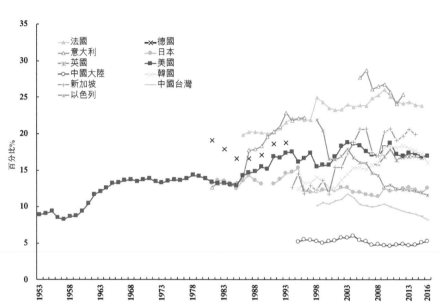

資料來源：Lawrence J. Lau and Yanyan Xiong, 2018, Introduction。

比率在2007–2016年的十年中平均為17.3%，韓國和英國的比率與之大致相當。日本的比率非常穩定，在13%左右。中國台灣的比率在2003年達到11.7%的峰值，但此後持續下跌，到2016年降至8.2%。中國大陸對基礎研究投入的比率最低，僅為5–6%。

　　如上文所述，為實現突破性的發現與發明，必須在一定持續時間內對基礎研究有大量投入。基礎研究要求很長的孕育期，此時的商業和財務回報很少甚至沒有，因此註定是需要耐心的長期研究。對基礎研究的投入涉及到短期收益和長期收益的取捨。以任何合理的折現率計算的基礎研究，其投資回報率都是很低的，因此必須依賴政府、非營利組織或非營利企業提供支持。原子彈和氫彈、核反應堆、互聯網、數據包傳輸技術和互聯網瀏覽器等，在投入實際應用前都是多年的基礎研究的成果。可惜，中

圖7.5　　實際基礎研究資本存量及增長率：中國與美國的比較

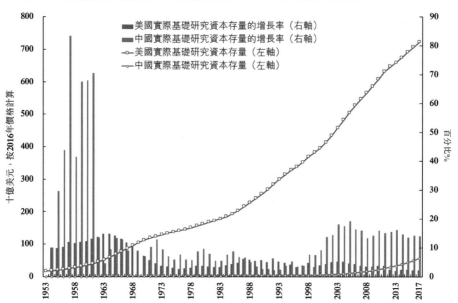

資料來源：Lawrence J. Lau and Yanyan Xiong, 2018。

國的基礎研究在全部研發支出中的佔比是主要經濟體中最低的，平均僅為5%左右，而法國、美國和日本分別達到25%、17%和13%。

　　圖7.5展示了中國和美國的實際基礎研究資本存量的對比。實際基礎研究資本存量的測算，是用歷年的累計基礎研究支出減去每年10%的折舊。中國在1995年（即有統計數據的第一年）之前的實際基礎研究支出是估計得出，假設基礎研究在全部研發支出中的佔比為5.13%，與1995年後的平均值相同。中國在1953年（即有統計數據的第一年）初期的實際基礎研究資本存量，則假設為當年的實際基礎研究支出的5倍。[6] 圖7.5表明，中國和美國在基礎

---

6　結果表明，實際基礎研究資本存量的估計，對有關1953年的初始基礎研究資本存量的其他可行假設並不敏感。

圖7.6　授予境內申請者的境內專利數量：西方七國、四個東亞新興
　　　　工業化經濟體、中國與以色列的比較

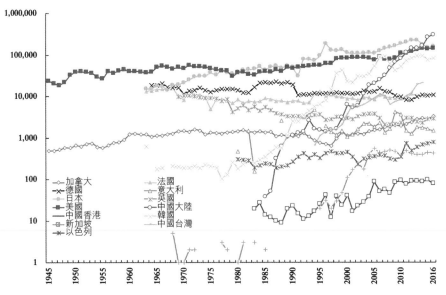

資料來源：Lawrence J. Lau and Yanyan Xiong, 2018, Introduction。

研究資本存量上的差距甚至比總體的研發資本存量的差距更大。
2017年，中國的基礎研究資本存量估計為560億美元（2016年價
格），不足美國的8%（7,230億美元）。這一差距或許可以在一定程
度上解釋兩國在諾貝爾物理學獎、化學獎、生理學與醫學獎得主
人數上的差異。後文將對此展開討論。

　　衡量創新成功度的一個有效指標是每年創造（授予）的專利數
量。[7] 圖7.6展示了部分經濟體各自的國內專利管理部門每年向國
內申請人授予的專利數量。[8] 很大的一個意外是中國的快速竄升，

---

7　這裡討論的專利只是指所謂「發明專利」。專利數據來自世界知識產權組織
　　（World Intellectual Property Organisation，WIPO）、美國專利及商標局（United
　　States Patent and Trademark Office，USPTO），以及中國國家知識產權局。
8　國內申請人是指在申請時的某個經濟體的居民。

圖7.7　三年移動平均境內專利申請成功率：西方七國（不含意大利）、四個東亞新興工業化經濟體（不含香港）、中國與以色列的比較

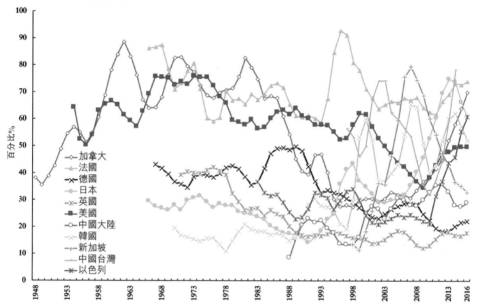

資料來源：Lawrence J. Lau and Yanyan Xiong, 2018, Introduction。

從1985年授予38項國內專利，到2016年增至302,136項，在當年位居全球之首。中國在2015年超越了此前很長時間位居第一的日本。美國和韓國分列第三、第四位。在過去僅次於日本和美國的法國、德國和英國，在國內專利授予數量上已經落後。香港在這些經濟體中居末位，只有78項本地專利授予本地申請人。不過，香港其實在2015年獲得了美國專利及商標局授予的601項專利，表明授予本地申請人的本地專利很少，是因為對本地的專利發明人而言，香港本土市場的重要性不夠。

中國國內專利授予數量異乎尋常的快速增長，顯示了中國成為創新大國的決心。此外，鑒於每年授予的國內專利數量如此龐

大，可以預期中國的專利發明人將產生加強知識產權保護的普遍需求。

當然，對這些國內專利申請的審批標準抱有懷疑，這並非沒有道理。圖7.7展示了部分經濟體之間的三年移動平均國內專利申請成功率（其定義是授予國內申請人的國內專利的數量除以一年前的國內申請人提交的申請數量）[9]的對比。[10] 各經濟體的申請成功率差異巨大，並隨時間波動。2016 年，法國的國內專利申請成功率在這些經濟體中最高（74.1%），之後是日本（60.9%）、韓國（52.2%）和美國（49.8%）。中國的國內專利申請成功率僅為29.0%，遠低於法國、日本、韓國和美國。至少給人的初步印象是，中國的專利管理部門有著較為嚴格的審批標準。比中國的申請成功率更低的只有德國和英國。

圖7.8展示了美國專利及商標局每年向不同國家和地區（包括美國）的居民授予的專利數量。該圖對不同國家和地區的研發努力的相對成績提供了一個可以比較的有效指標。由於這些專利是由美國的政府部門在美國授予，美國應該享有「主場」優勢。可是對其他所有國家和地區而言，它們之間的對比應該較為公平。圖7.8表明，美國在過去50年裡是無可爭議的冠軍，2015 年被授予的專利數量多達140,969項，之後依次是日本（52,409項）、韓國（17,924項）和德國（16,549項）。授予中國申請人的美國專利數量每年都在快速增長，從1980 年代中期之前的個位數，到2015 年的8,166項。2015 年授予中國台灣的申請人的美國專利達11,690項，

---

9　　也可以選擇兩年滯後期的國內專利申請數量來計算，這完全取決於相關國內專利管理部門處理專利申請所需要的時間。但筆者相信，借助三年移動平均來計算成功率，可以有效避免大多數的時滯問題。

10　　圖7.7沒有包括美國專利申請數量多於本地專利申請數量的經濟體，主要是因為這些經濟體的本地市場規模太小，本地申請人對獲取本地專利顯然缺乏興趣。

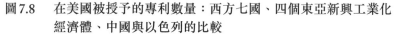

圖7.8　在美國被授予的專利數量：西方七國、四個東亞新興工業化
　　　經濟體、中國與以色列的比較

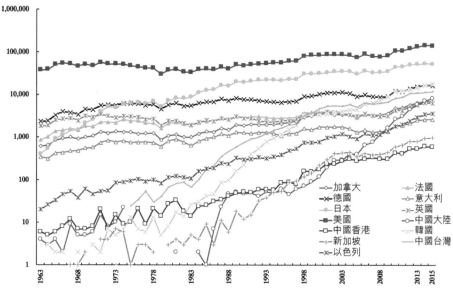

資料來源：Lawrence J. Lau and Yanyan Xiong, 2018, Introduction。由於缺乏聯邦
德國單獨獲得的美國專利的數據，本圖只包含統一後的德國的數據。

領先於中國大陸、加拿大、法國、英國和意大利。相比之下，香
港居民在2015年獲得的美國專利僅有601項。

　　圖7.9展示的是，美國專利及商標局每年授予不同國家和地
區（包括美國）的申請人的專利數量除以相應國家和地區的人口的
結果。如果以人均水平計算，美國在2007年之前位居世界榜首，
之後被中國台灣和日本超越。在2015年（即有公開數據的最新一
年），中國台灣居於首位，每百萬人獲得498項美國專利，其後分
別為以色列（450項）、美國（439項）、日本（410項）、韓國（354
項）和德國（204項）。中國由於人口基數巨大，在這些經濟體中
居於末位，2015年每百萬人獲得的美國專利數不足六項。不過，
這或許有部分原因是中國對美國專利的申請率較低，只有2.2%

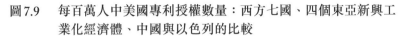

圖7.9　　每百萬人中美國專利授權數量：西方七國、四個東亞新興工業化經濟體、中國與以色列的比較

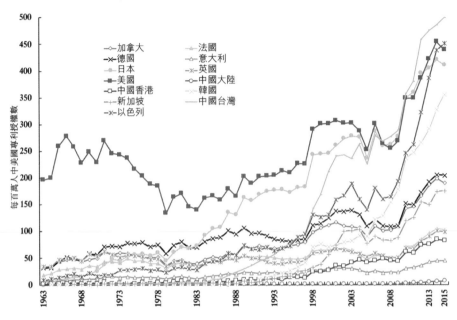

資料來源：Lawrence J. Lau and Yanyan Xiong, 2018, Introduction。

（該申請率的定義是：國內申請人在同一年中申請的美國專利數量除以申請的國內專利數量）。而中國人對美國專利的申請率較低，或許部分源於中國的發現人和發明人缺乏英語交流技能，或源於美國專利申請費用，或因為中國國內市場本身已足夠龐大。韓國在2015年的美國專利申請率為22.8%，在這些經濟體中倒數第二。[11]

　　圖7.10展示的是不同國家和地區（包括美國）居民每年在美國的專利申請成功率的三年移動平均數。近年來，日本的成功

---

11　　參閱：Lawrence J. Lau and Yanyan Xiong, 2018。

圖7.10　三年移動平均美國專利申請成功率：西方七國、四個東亞新
　　　　興工業化經濟體、中國與以色列的比較

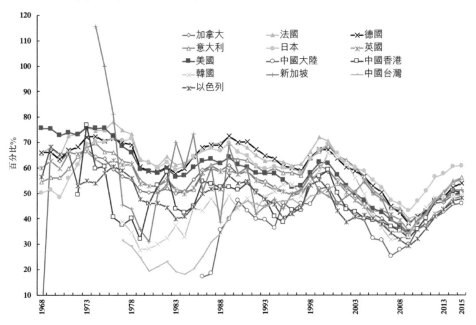

資料來源：Lawrence J. Lau and Yanyan Xiong, 2018, Introduction。

率最高，達60.8%，中國的成功率最低（46.0%），美國位居中游
（49.8%）。[12] 幾乎所有國家和地區（包括美國）的成功率都隨時間表
現出很強的同步波動（早些年份的某些異常值除外），說明美國專
利及商標局在特定年份採用的審批程序和標準可能存在系統性變
化。不過，這些波動似乎對所有國家和地區（包括美國）的申請人
而言是較為公平一致的，因此並沒有明顯的優待或歧視特定國家
或地區的傾向性。意大利的成功率相當不穩定，尤其是在早些年
份，是因為每年的專利申請數量有大幅波動。

---

12　這或許可以視為美國專利授予沒有明顯的「主場優勢」的一個證據。

圖7.11　境內專利授予數量和實際研發資本存量：西方七國、四個東
亞新興工業化經濟體、中國與以色列的比較

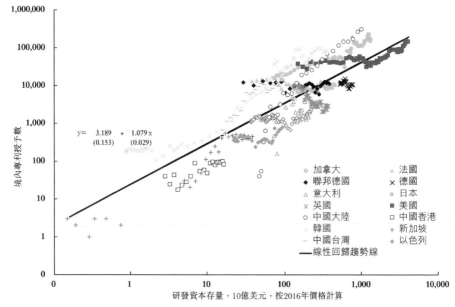

資料來源：Lawrence J. Lau and Yanyan Xiong, 2018, Introduction。括號中的數字
為估計標準差。

　　可以看到，一個經濟體的實際研發資本存量同其居民獲得的
專利數量存在直接的因果關係。圖7.11展示的是某個國家或地區
的居民每年獲得的國內專利數量與當年年初的實際研發資本存量
的對應散點圖。[13] 該圖清晰地表明，某個經濟體的實際研發資本
存量越高，其居民獲得的國內專利數量就越多。圖中的線性回歸
趨勢線顯示，國內專利數量的自然對數值與實際研發資本存量的
自然對數值之間，存在高度統計顯著的正相關關係。大致來看，
實際研發資本存量每增加1個百分點，國內專利授予的數量會提

---

13　缺乏1990年前兩個德國的實際研發資本存量的數據，因此只包括1991年統一後
　　德國的數據。還需要注意的是，圖7.11中的軸線是採用對數刻度的。

高1.08個百分點。此外，專利數量對實際研發資本存量的彈性估計值（1.08）在統計上顯著不為1，表明在國內專利創造上存在顯著的規模效應。

不過需要指出，從單個國家或地區來看，這一正相關關係對西方七國中的歐洲國家（法國、聯邦德國、意大利和英國）以及美國的早期階段並不十分明顯。還應注意，日本以及兩個東亞新興工業化經濟體（韓國和中國台灣）可以被視為「優等生」，即在任何給定的實際研發資本水平上，它們都能獲得比線性回歸趨勢線預測值更高的國內專利數量。相反，中國香港和新加坡則可以被視為「後進生」，在任何給定的實際研發資本水平上，它們只能獲得比線性回歸趨勢線預測值更低的國內專利數量，當然這或許部分源於它們的本地市場過於狹小，使其發現人和發明人認為不值得申請本地專利。最後，中國在2000年之前是「後進生」，但之後轉化為「優等生」。2016年，中國授予的國內專利數量達到回歸趨勢線預測值的6倍以上。

在解釋上述的國內專利數據時有必要提示，不同經濟體完全可能在授予國內專利時有各自不同的標準，此外這些標準還可能隨時間有系統性變化。但專利授予數量與實際研發資本存量的總體正相關關係則毋庸置疑。

圖7.12展示的散點圖，反映的是每年授予各國家或地區的居民的美國專利數量與當年年初的實際研發資本存量的對應關係。[14] 該圖清楚地表明，一個國家或地區在當年年初的實際研發資本存量越高，其居民獲得的美國專利數量就越多。線性回歸趨勢線在統計上同樣高度相關。大致來看，實際研發資本存量每提高1個

---

14 缺乏1990年前的統一德國的實際研發資本存量的數據，也缺乏聯邦德國單獨得到的美國專利授予數量，因此圖7.12只包括統一德國的數據。還需要注意的是，圖7.12中的軸線是採用對數刻度。

圖7.12　美國專利授予數量和實際研發資本存量：西方七國、四個東
亞新興工業化經濟體、中國與以色列的比較

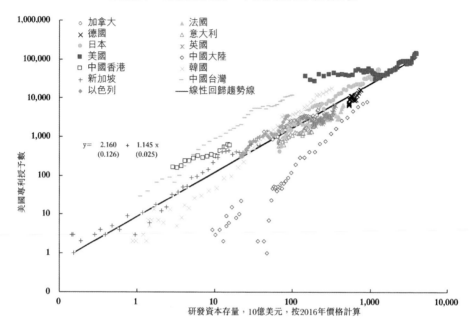

資料來源：Lawrence J. Lau and Yanyan Xiong, 2018, Introduction。括號中的數字
為估計標準差。

百分點，被授予的美國專利數量將提高 1.15 個百分點。此外從單
個經濟體來看，即使對西方七國來說也存在顯著的正相關關係。[15]
我們還應該注意到，專利數量對於實際研發資本存量的彈性估計
值（1.15）在統計上顯著不為 1，說明在產生美國專利方面存在顯
著的規模經濟效應。

　　在創造美國專利方面，包括香港在內的四個東亞新興工業化
經濟體都有著「優等生」的表現（韓國和新加坡自 1991 年以後）。

---

15　這符合如下觀點，即美國專利與商標局採用的標準比各經濟體專利管理部門的標
　　準更穩定。同時證實美國專利授予數據在各經濟體之間更具可比性。

不過，中國的成績卻明顯低於預期，取得的美國專利數量遠遠低於回歸趨勢線的預測水平。

專利授予數量與實際研發資本存量之間的正相關關係，在美國專利（圖7.12）比國內專利（圖7.11）表現更為突出。這或許是因為美國專利及商標局在專利授予上採用了更為統一的標準，而各國的國內專利管理部門採用的標準各有不同。也或許是因為非美國申請人的自我選拔機制，他們向美國提交的是自己認為質量較高的專利申請，因此得到批准的概率更大。總體來看，無論是國內專利還是美國專利，專利授予數量同實際研發資本存量存在總體的正相關關係是清晰無誤的。實際研發資本存量越高，授予的專利數量越多。因此對研發的投資是創新的主要驅動力之一。另外在專利創造上應該存在顯著的規模經濟效應，因此研發資本存量最高的經濟體會產生超比例的數量更多的專利，並不令人驚奇。

以上分析中提到的「優等生」和「後進生」所反映的顯著系統性差異，不止是各經濟體在國內專利和美國專利上的生產效率，還涉及各經濟體的專利管理部門採用的不同標準。因此，中國在國內專利產生上表現出了超出平均水平的效率，但在美國專利的產生效率上卻低於平均水平。[16] 筆者認為，美國專利的相對產生效率或許更為可靠，因為所有經濟體都面臨美國專利及商標局的統一標準，而不像各國的國內專利管理部門採用彼此各異的標準。

除專利授予外，科技成就的另一項重要指標是在學術期刊上發表的科學和工程學論文的數量及其引用頻率。圖7.13展示的是部分國家和地區的居民每年所發表的科學和工程學論文的數量。

---

16　中國在美國專利產生效率上較為落後，部分原因或許是將中國實際資本存量從2016年人民幣價格換算為2016年美元價格時採用的匯率。

圖7.13　科學和工程學論文發表數量：部分經濟體

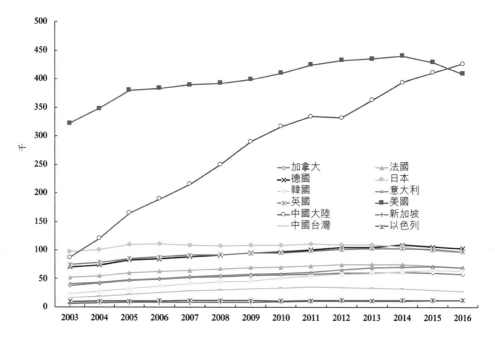

資料來源：U.S. National Science Board, 2018, Chapter 5。

該圖表明，中國在2016年的論文發表數量 (426,165) 超越了美國
(408,985)，而此前很多年裡，美國一直遠遠領先於其他經濟體。
圖7.14展示的是各個國家和地區在全球發表的科學和工程學論文
總數中的佔比，可以看到中國在2016年的佔比達到18.6%，美國
為17.8%。

　　不過，儘管中國在科學和工程學論文發表的絕對數量上已超
上美國，其論文質量還不能與美國比肩。已發表論文被海外其他
作者引用 (通常認為比被本國作者引用更為可靠) 的數量可以作
為論文及其作者的質量與影響力的一個指標。圖7.15展示的是，
1996–2014年，中國和美國的科學和工程學論文被海外作者引用
的比率。該圖表明，中國的論文被海外作者引用的比率持續下

圖7.14　科學和工程學論文發表數量佔全球的百分比：部分經濟體

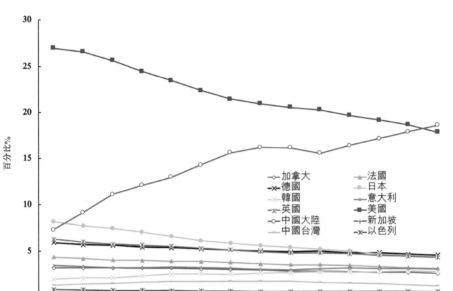

資料來源：U.S. National Science Board, 2018, Chapter 5。

降，而美國的論文被引用比率卻在提升，並於2001年超過中國。[17] 這或許部分是因為中國作者發表的科學和工程學論文的總量有爆炸性增長（見圖7.13），由於論文太多，來不及受到海外作者的關注。但也可能部分是因為在理解中國作者撰寫的英文或非中文論文方面存在困難。當然，後一問題會隨著中國學者的語言能力的進步而逐漸消失。

---

17　需要指出，自1998年以來，日本和印度的論文被海外作者引用的比率均高於中國和美國。

圖 7.15　科學和工程學論文被外國作者引用的百分比：
　　　　中國與美國的比較

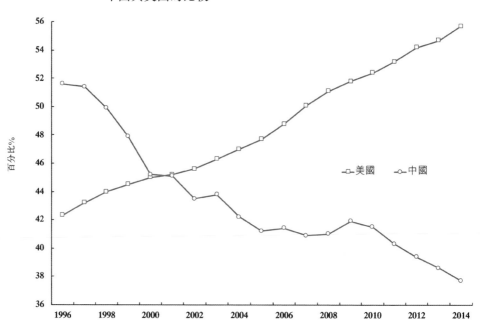

資料來源：U.S. National Science Board, 2018, Chapter 5, Figure 5.27。

## 高等教育機構的質量

國家創新能力的另一個有效指標是高等教育機構的質量。圖 7.16
展示的是加拿大、中國、法國、德國、意大利、日本、英國和
美國的高等教育機構中排名居於全球前 100 位的數量隨時間的變
化，依據是上海交通大學的排名。當然還有其他可借鑒的大學排
名。筆者採用上海交通大學的排名，是因為它們是完全公式化
的，不依賴任何主觀評判，因此更為客觀，完全可以複製。上海
交通大學的排名還給研究成就賦予了較高的權重。圖 7.16 表明，
美國在全球前 100 位大學排名上佔據壓倒性領先地位，在 2018 年

圖7.16　排名全球前100位的大學的數量

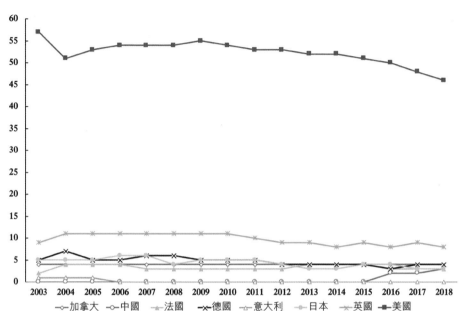

資料來源：來自上海交通大學世界大學學術排名（2003–2008年）、上海軟科教育信息諮詢公司（2009–2018年）的歷年資料。

有46所，之後的英國有8所。在同年，未納入該圖的國家還包括，澳大利亞（6所）、瑞士（5所）與荷蘭（4所）。中國在2016年前沒有任何一所大學進入全球前100位，到2018年與法國、日本和瑞典並列第八位，各自有3所。如果把範圍縮小到全球排名前10位的大學，那麼自2003年起，始終是美國佔據其中8席，英國佔據2席。

　　有意思的是，在前100位大學排名榜單中最領先的三個國家 —— 美國46所，英國8所，澳大利亞6所 —— 都以英語作為官方語言和高等教育機構的主要教學語言。大多數國際學術期刊也是用英文出版，因此可能給採用其他語言的國家和大學造成某些

不利傾向。當然即使能矯正這個偏差，恐怕也不能改變美國在全球最優秀大學的數量上佔據壓倒優勢的結論。

　　中國的大學能取得全球大學的頂尖排名嗎？中國的頂尖大學要趕上美國名校的水平可能至少需要 20 年左右，中國在全球優秀大學中的佔比要接近美國的水平則會更長。在 20 世紀，麻省理工學院（MIT）、史丹福大學和南加州大學（USC）這三所美國名校相繼加入全球頂尖學府的行列──麻省理工學院是在兩次大戰間歇期，史丹福大學是在 1960 年代，南加州大學則是在 1980 年代。做到這點的必需要素包括人才（包括教師和學生兩方面）、資金和堅定的領導力。憑藉龐大的人口，中國不缺乏人才，在人口概率分佈的頂端必然有大量的天才。中國大學的最優秀畢業生可以到海外的頂尖大學完成研究生學習，最終回來成為中國的頂尖學府的教師。中國今天也不缺資金對高等教育和研發進行投資，中國政府對此也有全力的承諾支持。因此經過一定時間，中國會有大學躋身世界最佳的行列。

## 累計的諾貝爾獎獲得人數

反映各國科技在突破前沿的相對實力的另一項有效指標，是自 1901 年設立諾貝爾獎以來，各國國民在物理學、化學、生理學或醫學等獎項上的累計獲獎人數。出於本書的分析目的，諾貝爾獎得主的國籍由獲獎人在宣佈得獎時的公民身份來決定，多人分享的獎項則按比例計算。例如，如果某年的獎金按照 50%、25% 和 25% 的比例分別分配給一位美國公民、一位英國公民和一位德國公民，則這三個國家的獲獎人數分別計為：1/2、1/4 和 1/4。有雙重國籍的獲獎人也按照兩個國家平分計算。

**圖7.17　各國國民獲得諾貝爾物理學獎的累計數量**

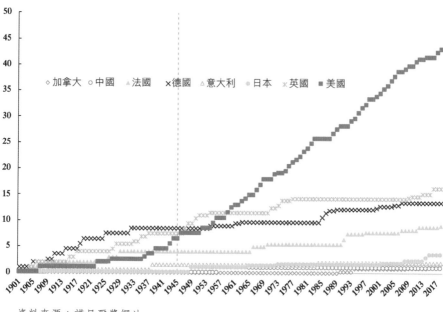

資料來源：諾貝爾獎網站。

　　在1901–2018年，共有112個物理學獎授予210位獲獎人。圖
7.17展示了加拿大、中國、法國、德國、意大利、日本、英國和
美國的國民所獲的諾貝爾物理學獎的累計人數。德國在1947年之
前的累計人數最多，此後被英國超越，美國直至1960年才登上榜
首，但此後一直遙遙領先，到2018年為43.1。法國（9.1）、德國
（13.6）和英國（16.3）的合計達到39，與美國差距並不大。中國在
1957年獲得一個諾貝爾物理學獎（楊振寧和李政道分享），[18]也是截
至2018年的唯一一個。

　　在1901–2018年，共有110個化學獎授予181位獲獎人。圖

---

18　在宣佈獲獎時，楊振寧和李政道都是中國公民。

圖7.18　各國國民獲得諾貝爾化學獎的累計數量

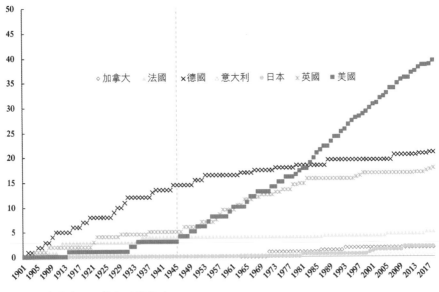

資料來源：諾貝爾獎網站。

7.17展示了西方七國（加拿大、法國、德國、意大利、日本、英國和美國）的國民所獲的諾貝爾化學獎的累計人數。德國的累計獲獎人數領先地位維持到1981年，然後被美國超超。美國在1946年趕上法國，在1951–1967年跟英國並駕齊驅，1981年超過德國，到2018年已累計了比較明顯的優勢（39.4）。但如果將法國（5.0）、德國（21.0）和英國（17.9）的人數合計起來，將達到43.9，甚至高於美國，表明西歐在化學研究方面依舊有著雄厚基礎。遺憾的是迄今為止，還沒有中國公民獲得過諾貝爾化學獎。

在1901–2018年，共有109個生理學或醫學獎授予216位獲獎人。圖7.17展示了加拿大、中國、法國、德國、意大利、日本、英國和美國的國民所獲的諾貝爾生理學或醫學獎的累計人數。德國的累計獲獎人數在1952年前領先，然後被美國超越，美國此

**圖7.19　各國國民獲得諾貝爾生物或醫學獎的累計數量**

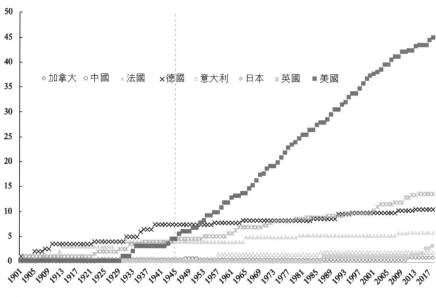

資料來源：諾貝爾獎網站。

後一直位居榜首，並且優勢巨大，到2018年達45.1。即使法國
(6)、德國（10.7）和英國（13.8）的合計人數（30.5）也遠遠落後於美
國。中國的唯一獲獎者屠呦呦在2015年分享了諾貝爾生理學或醫
學獎。[19]

　　顯然，諾貝爾三個自然科學的獎項，美國獲獎數量迄今為止
是最多的。不過，是在1945年二戰結束之後的時期，美國才取得
了最大的進步。科學研究的領跑者從法國、德國和英國等西歐國
家轉移到美國，一個推動因素是歐洲的科學和工程學人才在二戰
前後及期間向美國移民，即使如此，美國的進步依然用了相當長

---

19　屠呦呦與坎貝爾（William C. Campbell）和大村智（Satoshi Ōmura）分享了2015年
　　的諾貝爾生理學或醫學獎。

時間。美國在1907年首次獲得諾貝爾物理學獎，但累計獲獎人數直至1955年才超過德國。在化學獎方面，從美國人在1914年首次獲獎，到累計獲獎人數在1983年登上榜首，用了接近70年。在生物學或醫學獎上，這一時間跨度為22年。

中國目前在前沿科技開發方面，整體上與美國還相距遙遠，中國人獲得諾貝爾獎的人數極少（根據我們的國籍標準為1.5），也印證了這一點。[20] 很可能至少需要一代甚至兩代人的時間，中國才能趕上美國在科技領域的領先地位。

在某個自然科學領域獲得諾貝爾獎通常要求有突破性的發現或發明，而這往往是長期、耐心的多年基礎研究的成果。中國對基礎研究相對忽視可能是諾貝爾獎獲得者人數很少的一個原因。此外，文化因素或許也有阻礙作用。中國人，或者更普遍的說，東亞人有著很強的尊重權威的傳統，這使他們更不容易去挑戰正統，而突破性的發現或發明則必須借助這種挑戰。如果愛因斯坦沒有對根深蒂固的牛頓定律提出質疑，他可能永遠不會發現狹義相對論，更不用說廣義相對論了。

中國科技發展的其他問題還包括，過於注重短期效應，經常出現研發項目的重複等。太注重短期和快速回報，會讓研發投入偏離基礎研究，轉向應用研究和開發。這些效應在圖7.4和7.5中表現得非常明顯。研發項目的重複不但會浪費珍貴的資源，而且如果關鍵資源過於分散，還可能嚴重拖延研發目標的實現。案例之一是中國的先進半導體製造能力的開發，這本是極有價值的目標，但在中國，瓶頸並非資金，而是缺乏高素質的工程師和科學家。如果有過多的平行項目同時開展，任何一個項目都不會有足

---

20　還有些華裔獲獎人，但在宣佈獲獎時不是中國公民，如高錕（2009年物理學獎）、李遠哲（1986年化學獎）。

夠多的高素質人才來確保成功，同時也造成巨大的資源浪費，因為建設新的實驗設施往往需要至少20億美元的投資。

中美技術競爭有可能帶來建設性和積極的結果，也可能導致破壞性和消極的結果。例如，建造全球最高速的超級計算機，兩國間展開競爭，都生產出了更好、更快的機器。2018年的冠軍是美國的IBM Summit，擊敗了2016和2017年的冠軍 —— 中國超級計算機神威太湖一號（該機器完全使用本土設計和生產的芯片）。這與1957年蘇聯發射斯普特尼克一號衛星的情況相似，與蘇聯的競爭促進了美國的科技發展。美國贏得了後來的競賽，在1969年把阿姆斯特朗（Neil Armstrong）送上了月球。

近期中興通訊公司的案例表明，中國某些高科技企業對美國供應方的依賴程度非常高。中興公司是中國移動通訊設備的主要生產商，但完全依賴由美國高通公司設計、英特爾公司生產的芯片。因此美國商務部禁止美國公司向中興銷售產品，懲罰其違反對伊朗的制裁禁令，就相當於對該公司判處極刑。雖然對中興的禁售令已被取消，但由於中美貿易戰的影響，半導體進口依然可能受中國提高關稅的影響。相反，中國的另一家主要移動電話和服務器製造商華為公司，則通過其全資子公司海思半導體公司給自己設計芯片，海思是全球第七大芯片設計公司。[21] 因此，相對而言，華為不太受貿易戰的影響。假以時日，中國將具有製造先進半導體的能力，包括半導體製造設備的生產能力，但仍需要一定的時間。

軍備競賽也是一種競爭形式。在核彈頭總數上，美國至少領先中國一個數量級，以人均水平計算則更多。中國不希望加入這

---

21　參閱：James Kynge, 2018, p. 11. 該公司設計的芯片由台灣半導體公司（Taiwan Semiconductor Manufacturing Corporation）在台灣製造。

方面的競爭。然而，為癌症或老年癡呆症尋找有效療法，這方面的競爭對兩國乃至全世界都是值得的。中美兩國在第五代移動通信標準 (5G) 上開展合作，不但有利於兩國消費者，也對全世界都有益。即使不能實現統一標準，至少能讓各種標準實現互通，使一部手機無論產地，都能在全球任何地方使用。其他具有潛在互利好處的中美科技合作領域，還包括緩和氣候變化、核聚變研發以及太空探索等。

政府在扶持研發方面發揮著關鍵作用，尤其是對基礎研究和軍事用途研究。中美兩國政府也不例外。美國政府通過國防高級研究計劃局 (Defence Advanced Research Projects Agency，DARPA)、[22] 能源部、國家衛生研究院 (National Institutes of Health)、國家科學基金會 (National Science Foundation) 等機構來資助研究。美國政府幫助組織了半導體製造技術戰略聯盟 (Sematech)，並提供了 5 億美元初始資金，該機構是美國政府與 14 家美國半導體製造商聯盟的合作機構，目標是促進美國的半導體製造業。類似的是，中國政府也通過國家科技部和自然科學基金會來扶持研究開發，還出資建設了先進半導體和核反應堆等實驗性製造基地等。

總之，中國在科技領域雖然取得了巨大進步，並有可能在某些特定或細分領域 (如量子通信) 趕上甚至超過美國，但整體上仍明顯落後於美國。或許需要至少一代人，中國才能在總體上趕上美國的科技實力。即使面臨中國的競爭，美國並不會在短期之內喪失在科技方面的領先地位。

然而，儘管至今中國科學家尚未做出許多突破性的發現和發

---

22　國防高級研究計劃局 (DARPA，前稱 Advanced Research Projects Agency，ARPA) 創立於 1958 年，作為美國國防部的一個機構，負責美國軍方使用的新興技術的開發。

明，但在大規模消費者應用程序的研發方面，他們大膽創新，勇
於實驗，特別是在移動通信和互聯網需求方面不斷突破。幾年
前，中國消費者領先世界潮流，成為手機短訊的先驅。從那以
後，在電子銀行和電子支付方面實現了跨越式發展。過去，對
中國個體消費者的銀行服務不足，因為中國過去和現在都沒有個
人支票賬戶。然而，微信等無現金和無紙化支付應用程序已徹底
改變了局面。現在，個人可以通過簡單地掃描 QR 碼，實時用手
機支付或接受資金。中國的電子零售規模可能遠遠大於今天的美
國。所有這些創新都是由私營部門的企業家完成的。

# 第8章

# 深化彼此經濟依存

為減少中美兩國在未來爆發軍事衝突的可能性，雙方必須建立共同的信任。這種互信可以通過持續的長期互利的經濟交往來逐漸構築。如果兩個國家能夠深化彼此的經濟依存，形成雙贏的經濟關係，發生戰爭就會變得不太可能。正如歷史上法國與德國在不到80年裡打了三場大戰（分別在1870年、1914年和1939年），今天已不可能再戰。

把貿易戰作為縮小雙邊貿易逆差的工具，其問題在於，即便能夠減少雙邊貿易逆差或順差，也不會有真正的贏家——由於兩國的選擇範圍被壓縮，雙方都會受損。由於出口減少，兩國的出口商將遭受打擊，進口商的生意同樣會下滑。兩個國家中需要進口產品和進口原料的消費者與生產商將被迫付出更高的價格。縮小美中貿易逆差的更好辦法，是讓美國擴大對中國的商品和服務出口，特別是新產生的商品和服務，例如用肉類（牛肉、豬肉和禽肉）的生產和出口來取代飼料穀物（玉米和大豆），以及隨著美國成為能源淨出口國，把新開發的阿拉斯加液化天然氣和美國大陸的頁岩油銷售給中國客戶。但需強調的是，食品和能源這些關鍵商品的貿易應該建設好長期的基礎，以預先確立的價格程序和

可靠的執行條款來防範干擾。只有這樣才會出現新的長期供應和長期需求，也才能形成長期互利的經濟依存關係。

本書第 3 章已提到，用全部國內增加值計算的美中貿易總逆差只有約 1,110 億美元 —— 而非美國官方估計的 3,760 億美元的商品貿易逆差。這意味著，若中國增加進口 1,110 億美元以全部增加值計算的美國商品，美中貿易逆差就會消除。因此重點應該放在增加進口有較高國內增加值佔比的美國商品上。這樣做非但可以讓以增加值計算的貿易缺口加快填平，還能確保增加出口給美國帶來最大的收益（反映在 GDP 上）。

如本書第 5 章所述，中美兩國應該充分利用經濟上的互補性。這兩個經濟體相差懸殊，它們處於完全不同的發展階段：中國以人均實際 GDP 計算依然是發展中經濟體；美國則在一個多世紀前就已成為成熟的發達經濟體。中國的民眾還處在增加消費和物質積累（如家用電器和汽車等）階段，美國民眾已經越過了追求實物階段，更多關注服務和休閒消費。這兩個經濟體還擁有高度不同的比較優勢：中國有極為龐大的人口，可耕地和其他自然資源相對缺乏；美國的人口遠少於中國，可耕地和其他自然資源則豐富得多，包括各種類型的富饒的能源供給。恰恰是這兩個經濟體之間的顯著差異，讓它們能夠通過彼此的經濟往來收穫巨大的潛在利益。彼此相似的兩個經濟體往往擅長類似商品和服務的生產，相互之間更具有競爭性，而非互補性。但第 5 章已經討論過，中美兩個經濟體之間存在大量的互補特徵。

中美貿易戰顯然對兩國是雙輸的結果，其實有比貿易戰好得多的其他辦法。縮小美國對中國的貿易逆差，可以通過增加美國對中國的商品出口，而非減少中國對美國的商品出口（以及從美國的商品進口）。還有，讓美國增加商品出口也有兩種不同辦法，第一種是把美國對其他國家的商品出口轉向中國，第二種是把目

前利用率不足的國內資源調動起來，專門生產出口到中國的新產
出。第一種辦法基本是表面文章，即便美中貿易逆差能壓縮，美
國的GDP和就業也不會顯著增加。這對美國沒有什麼真實淨收益
(因此對中國也無益)，[1]只不過可以用於宣揚美中貿易逆差被成功
削減而已。第二種辦法則可以給美國的GDP和就業帶來真正的增
長，並增加中國所需的商品的供給。美國的生產商、工人和出口
商會受益，使用新的進口商品的中國消費者、生產商以及進口商
也能得到好處。兩個國家都將獲得改善。

　　更深層地說，美國和其他國家的幾乎所有主流經濟學家都認
同，如果美國的投資—儲蓄缺口沒有得到相應壓縮，美國同世界
其他地方的總貿易逆差就不可能減少。換句話說，除非美國自己
的投資減少或儲蓄增加，無論美中之間的貿易逆差如何變化，它
同世界其他地方的總貿易逆差在基本上會維持不變。針對特定國
家的選擇性保護主義政策(如進口關稅和配額)能轉移貿易逆差的
來源，例如把美中貿易逆差變成美國對東盟的貿易逆差，卻不能
縮小美國同全球的總貿易逆差。如果把美國的實際GDP水平視為
給定，這的確是成立的。我們可以回想到遠在中國經濟走向開放
之前，美國就一度與日本存在大額貿易逆差，隨後又出現了對中
國香港、中國台灣和韓國的較大貿易逆差。[2]

　　當然這裡有個重要的例外：如果美國的出口需求出現未預見
到的自發增長，帶來了美國的國內總產出以及實際GDP的提高，
美國的貿易赤字有可能減少。此處的關鍵在於通過國內生產的擴
大來滿足出口需求的增加，從而使美國的實際GDP和出口都實

---

[1]　這是因為全球的商品供應並沒有增加。如果中國在現有基礎上打算增加從其他
　　國家的購買量，這將推高全球所有買家(包括中國自己)面臨的世界市場價格。

[2]　正是在這一時期，引入了「自願出口限制」與《多種纖維協定》(1974–2004)。

現真正的增長。在本章附錄中，筆者將解釋用國內的新增產出來滿足出口需求的自發增長，如何使一個經濟體的貿易逆差得以減少。

用新產出的生產來滿足新的自發出口需求，會創造新的 GDP 和就業，使美國的未充分發動的生產潛力得到利用。有哪些案例屬這種性質的出口呢？雞爪和動物內臟過去在美國往往被當做廢物丟棄，結果發現中國存在旺盛需求，於是被大量出口。類似的是，美國用舊的硬紙箱的廢紙板也被出口到中國，以製作紙漿，並趕上了原來幾乎空載返回中國的集裝箱船隻的極低的運輸費率。能發掘美國新產品出口潛力的其他領域包括食品和能源產品，因為美國有著豐富的土地、水源和能源資源（如石油和天然氣），它們都尚未得到充分利用。

農產品和能源是美國對中國出口的兩個巨大的潛在源頭，而且相對來說爭議不大。中國對農產品有巨大需求，同時美國在提高農產品出口的增加值佔比上也大有潛力，例如用肉類（牛肉、豬肉和禽肉）的生產和對華出口來替代飼料穀物（玉米和大豆）。[3] 2017 年，中國進口了超過 1,150 億美元的農產品，其中僅有 20% 來自美國。還有，中國的農產品進口保持著每年 10% 以上的增速，因此美國對中國的農產品出口有希望在三五年內從目前的每年 200 多億美元擴大至 500 億美元，並依靠增加值佔比更高的新產出的美國產品。如果有能保證的長期需求，美國的農產品自有巨大的過剩產能可發掘 —— 例如擁有豐饒的土地、水源和牧場等。

---

3　事實上，用肉類進口來替代飼料穀物進口肯定對中國有利，因為中國缺乏淡水。中國的人均可利用淡水資源只有全球平均值的 28% 左右，而且在全國分佈很不平衡。直接從美國進口肉類（而非飼料穀物）能節約淡水資源，因此可以視為間接進口水源的一種辦法。

中國對於能源也存在巨大而增長的需求，尤其是相對清潔的能源，這些可以通過從美國進口液化天然氣（如來自阿拉斯加）和頁岩油（同樣是新產出）來滿足。2016年，中國進口了價值1,170億美元的原油和90億美元的天然氣，其中來自美國的油氣進口非常少，分別僅為2億美元和8,000萬美元。鑒於中國對能源日漸增長的強烈需求（特別是對天然氣等低污染能源），以及美國正因為頁岩油和天然氣產量增加成為能源淨出口國，美國完全有可能成為中國的主要能源供應方之一，逐漸擴大至每年500億美元，並且基於新的產出（而非現有產量的轉移），從而可以提振美國的GDP與就業。

由此不難設想，僅農業和能源領域的出口增量就能達到每年1,000億美元，其中的美國國內增加值佔比接近100%。此外，這部分新增出口可能長期持續。這種安排的美妙之處在於，沒有人會在經濟上受損。在美國，新的出口來自國內的新增供給，並有確切的出口需求，因此不會推高或壓低價格，或者給市場造成其他影響。在中國，不但進口產品的價格可能低於國內的邊際生產成本，還可以滿足已經擴大並仍在增長的國內需求，而且不會影響國內市場的價格。總而言之，這應該是個互利共贏的結局。

或許有人會問：如果有如此有利可圖的貿易機遇，為何還沒有發生？答案在於創造真正的新的出口供給需要投資，而只有生產活動（和出口）能夠長期維持下去，投資才值得實施。因此，為了形成新的產出，必須有對出口商品的新的長期穩定的需求。也只有在新的長期供給形成後，才會出現新的長期需求，雙方互為條件。所以，這需要來自供需雙方的協作。可是市場並不完善，尤其是期貨市場。例如，在期貨市場上買賣距今20年後（甚至3年後）交貨的牛肉或小麥是不可能的，即使能做也會過於昂貴。所以我們不能只依賴自由市場來實現涉及新供給和新需求的長期

貿易安排。由於市場不完善，必須有非市場協作機制。[4]要創造新產出和新出口，必須有長期供需合同。

對美國生產商和中國進口商而言，這種合同必須有很長的期限（如20年），以及可信的共同認可的價格決定和執行機制，使美國的供給和中國的需求都有保證並可以持續，不會被隨意干涉。無論是農產品還是能源，只有長期需求合同能吸引美國供應商開展新的投資，開發新的供應。也只有長期供應合同能確保中國的進口商有可靠、持續、不受干擾的供給來滿足國內市場需求。美國供應商與中國進口商雙方都希望有可預測的公平價格，獨立於容易大幅波動、受到操縱的現貨價格，以便讓美方確保利潤，而中方可以承受。一種或許可行的方式是接受中國進口商審計監督的成本加成價，在單位成本基礎上增加5到10個百分點。這既能保證美國供應商在整個供應合同期間有利可圖，使它們有動力去完成必要的投資，又能保護中國進口商免受進口價格的大幅波動衝擊，特別是在現貨價格異常高企的時候。如果沒有長期供應合同，就不會形成大量的新增供給，中國的任何新增進口需求最終會推高現貨市場的價格，給全球範圍的現有供應商帶來意外收益，而無助於顯著解決美中貿易逆差的問題。

最後，食品和能源對任何經濟體都至關重要。中國要長期把10%乃至更多的食品和能源進口寄託於美國，將是個重大的戰略決策。10%的缺口不能輕易靠現貨市場的採購來彌補，因此必須得到確保這些供應不會被隨意干擾。出於商業上的考慮，美國供應商和中國進口商都會擔心未來的美國政府對中國實施出口禁運

---

4　這類似於兩位投資者合作開辦兩家新企業時的情形，一家為上游企業，另一家為下游企業，上游企業給下游企業提供投入品。如果沒有合作，兩家企業都不會創立。

(無論是影響農產品還是能源)的可能性。一個防範辦法是,讓美國的出口商或供應商在中國的倉庫中提供半年或一年實物供應,作為履約保證金。如果美國供應商出於任何原因(包括美國政府的禁運)未履行長期供應合同,中國進口商將沒收這些保證金,同時取消合同。如果有這樣的條款,美國對中國的農產品和能源禁運就不會在短期內造成危害,因此或許就永遠不會採用,這正是美國供應商和中國進口商都希望看到的。另外,儘管長期交易不是以現貨市場的價格交易,由於長期供應合同涉及的數量是固定的,它們完全不會影響自由市場的效率。[5]同時,美國對中國的農產品和能源出口目前都要繳納中國的關稅,希望這些關稅措施是暫時性質的,有關食品和能源領域的長期供應合同的討論能夠在近期重新啟動。

美國對華出口的另一個快速增長的部分是服務,其國內增加值的佔比也接近100%,受中國的教育和旅遊需求的強烈推動。[6]來美國的中國學生和旅遊者的支出一直快速增長,在美國對中國的商品和服務出口的增量中佔突出地位。對中國旅遊者實施更嚴格的旅行簽證,減少甚至禁止給中國學生發放簽證等措施是破壞性的,很可能導致美中貿易逆差拉大,而非縮小。[7]接受更多的中國學生和旅遊者來美國,還有助於改善兩國民眾之間的關係。此外,在美國學習的很多中國學生是中國最優秀的1%那部分,如果他們以後留在美國,可以給美國帶來好處,對美國的人力資本

---

5　參閱:Lawrence J. Lau, Yingyi Qian and Gerard Roland, 2000。

6　中國赴美旅遊者數量增加,部分原因是雙方相互提供了對彼此公民的十年期多次往返簽證。中美交流基金會(China-United States Exchange Foundation,2013)早期資助的一項研究倡導採取這一措施,最終在2014年實施。

7　美國方面正在考慮的其他措施包括,對入選中國「千人計劃」(一項招募海外中國學者全職或兼職回國工作的計劃)的研究人員和學者開展調查。

是個很好的補充。如果這些學生返回中國，對美國同樣有好處，他們可以傳遞美國的友誼。每當出現中國缺乏的某種東西的需求時，他們的第一想法總是去美國尋找供應商。已經有報道稱，美國政府在考慮全面停止對中國學生的簽證，假如實施，這很可能導致美國的服務貿易順差減少180億美元。[8] 幸運的是，這個想法似乎暫時被擱置了下來。

以上提到的擴大美國對華出口的三個潛在領域 —— 能源、農產品、教育和旅遊等服務業 —— 可以顯著縮小甚至消除美中貿易逆差（包括以總值計算和以全部增加值計算）。

最後，擴大美國對中國的高技術產品出口也是個可能選項，因為中國對此類產品的需求依舊高漲。但從美國來看，對此可能有更多出於國家安全和相互競爭考慮的爭議。另外，美國政府不鼓勵在美國使用華為的服務器和手機，出於同樣的理由，中國政府或許也會認為依賴蘋果手機等美國的高技術產品存在過高風險。這種互相對立可能在兩國製造隱蔽或公開的保護主義壁壘，為各自的壟斷廠商利用，犧牲消費者的利益。

還有一個共贏合作的重要潛在領域是把中國的富餘儲蓄用於支持美國的基礎設施改造升級，以及增加美國企業的資本金。除中國人民銀行（中國的中央銀行）購買美國的國債和機構證券外，擁有過剩儲蓄的中國非政府機構和公眾也普遍是基礎設施項目債券的潛在客戶。美國公司有可能通過發行債務和股權來利用中國資本市場。一個可以探討的好主意是讓美國公司在上海股票交易所發行人民幣面值的中國存託憑證（China Depository Receipts，CDRs），類似於外國公司在美國股票市場上交易的美元面值的美

---

8　　*Financial Times*, 3 October 2018, p. 1.

圖8.1 美國非油類商品價格指數同比增速與美國非油類商品進口中
來自於中國進口的比重（1989–2017年）

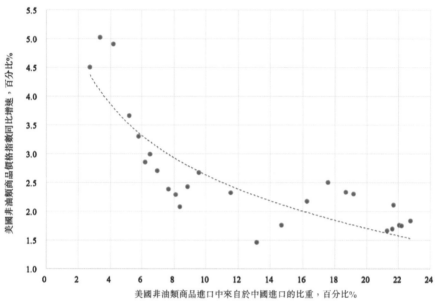

資料來源：Lawrence J. Lau and Junjie Tang, 2018, Chart 15。

國存託憑證（American Depositary Receipts，ADRs）。美國公司可以藉此籌集更多資本，中國投資者則有更多配置儲蓄的渠道，從而可以帶來共贏的結果。

　　進口事實上有助於維持較低的通貨膨脹率。圖8.1展示的是，1989–2017年，美國的非石油價格指數（等價於美國的核心通貨膨脹率）與中國在美國的非石油進口中的佔比的對應散點圖。很明顯，中國在非石油進口中的佔比越高，美國的核心通脹率就越低。此外，筆者參與的一項合作研究也表明，1994–2017年，中國在美國非石油進口中的佔比每提高1個百分點，美國的非石油價格指數的年增長率就會降低1.0個百分點。中國在美國的全部非石油進口中的佔比從1989年的2.7%較為穩定地提升至2009

年的近 22%，此後至 2017 年穩定在 21–23% 的小幅範圍內。美國的非石油價格指數在 1961–1989 年的平均年增速為 5.1%，而在 1989–2017 年僅為 2.5%，比之前的 28 年下降了 2.6 個百分點。核心通脹率（本質上等於非石油價格指數的提升）在 1989 年以來下降使美國能保持更低的利率水平，這可以部分歸功於來自中國的進口增加。[9] 對來自中國的進口實施新關稅必然會降低中國在美國非石油進口中的佔比，可能推高美國的核心通脹率。

　　要評估哪個國家從經濟聯繫中獲利更多是非常困難的。中國能讓九億國民擺脫了貧困，首先是通過經濟開放與加入世界貿易組織，大幅增加了出口導向型工作崗位。不過美國的消費者也享受了 20 年的消費品低價格的好處。如果美國從中國的進口停留在 1994 年的水平，美國在 2017 年的消費者價格指數會因之抬高 27%，幾乎等於每年提高一個百分點。美國得到的其他好處還包括，美國公司從中國業務中獲得的利潤，包括通用汽車、麥當勞、星巴克與沃爾瑪等，還有蘋果手機的銷售 —— 只是由於這些手機是在中國組裝，所以並未計入美國對中國的出口。

　　還有，如果一個國家能用印刷成本幾近於零的紙張（如現金和債券）償付其貿易逆差，也能獲得極大利益。這正是美國自 1970 年代早期以來有能力做的，通過提供被廣泛接受的國際交易媒介來獲取鑄幣稅。這一收益估計可達每年 3,500 億美元。

　　對美國而言，給中國未來的精英提供教育和訓練是符合自身利益的。美國能夠從全球的年輕人中招募精英中的精英，一直是個巨大優勢。其他所有國家把年輕人培養教育到 18 歲，其中最優秀的一批隨即被美國的高等院校摘走。外國學生讓美國獲得的利

---

9　　參閱：Lawrence J. Lau and Junjie Tang, 2018。

益,尤其是在研究生階段。在美國許多頂尖大學的自然科學和工程學系,大多數博士生階段的研究生(同時兼任研究和教學助理)是來自中國、印度和俄羅斯。如果沒有錄取外國研究生,這些學系甚至不會有足夠的學生和助理。

　　總之,筆者相信美中貿易逆差(以全部增加值計算約為1,110億美元)可以通過擴大美國對中國的出口 —— 主要是立足長期的農產品、能源和服務貿易 —— 來消除。鑒於中國的需求不斷增長,美國又有形成新供給的現成潛力,這一長期貿易增長將對雙方都有好處,並將加深彼此的經濟依存。此外,由於這些供給和需求都是新創造出來的,對雙方而言都將是淨收益,這些交易不在現貨市場上開展,因此對農業和能源市場的現有參與者也沒有多大影響。

## 附錄

下面將解釋，用國內的新產出來滿足出口需求的自發增長如何可以縮小貿易逆差。一個經濟體的國民收入恒等式可以描述為：

$$Y = C + I + G + X - M$$

其中，Y 是該經濟體的實際總產出（實際 GDP），C 是實際個人消費，I 是實際總投資，G 是實際政府消費，X 是實際出口，M 是實際進口，X－M 是貿易順差或逆差。該經濟體的儲蓄，即產出與消費之差將等於：

$$S = Y - (C + G) = I + X - M$$

可以調整為：

$$I - S = M - X$$

由此可見，對於給定的實際總產出水平 Y 而言，投資超出儲蓄的餘額等於進口與出口的差額（也就是貿易差額）。從這個角度看，該經濟體同全球其他地方的總貿易逆差是由 I－S 來決定，即國內實際投資與國內實際儲蓄的差額（或稱投資—儲蓄差額，investment-savings balance）。貿易逆差（在貿易順差時表現為負值）恰好等於國內投資超出國內儲蓄的餘額。

　　至於存在未充分利用的國內資源時，出口的自發（未預見的）增長如何能縮小貿易逆差，我們可以設想用 ΔX 來代表出口增長，它將導致總產出 Y 的增長，增幅為 ΔY。實際 GDP 的增長

（$\Delta Y$）可能導致個人消費增長 $\Delta C$，$\Delta C$ 在任何情況下必然小於 $\Delta Y$。實際GDP的增長不會導致政府消費G的增長（至少在下個預算週期前）和進口M的增長。但實際GDP的增長可能要求投資 I 有小幅增長。因此國內儲蓄將出現如下的變化：

$$\Delta S = \Delta Y - \Delta C = \Delta I + \Delta X$$

因此有：

$$\Delta S - \Delta I = \Delta X$$

因為有出口的增長，這個值大於零。因此，投資和儲蓄的差額將變成：$(I + \Delta I) - (S + \Delta S) = I - S - (\Delta S - \Delta I) = I - S - \Delta X$，比之前減少，貿易逆差也將相應縮小。這種結果能出現，是因為已經有過剩的潛在產出，能夠用很少的新增投入生產出來並用於出口。

# 第 3 部分

# 超越貿易戰

# 第9章

# 起長期作用的兩大力量

應該認識到，在當前的中美貿易戰背後，兩個重要的長期進程同時作用於中美經濟關係。第一個關係到世界大國之間的角力，第二個則涉及民粹主義、孤立主義、民族主義和保護主義思潮在全球，尤其是美國的興起。

首先，中美目前貿易戰的一個主要原因其實並非貿易本身，而是兩個國家對於經濟與技術支配地位的潛在競爭。這一競爭無論是公開還是隱蔽，也無論是有意還是無意，都不是從特朗普總統才開始，也不會隨他離任而結束。「重返亞洲」（pivot to Asia）和「跨太平洋夥伴關係協定」（Trans-Pacific Partnership，TPP）這兩項被認為意在約束或抑制中國發展的政策，均是奧巴馬總統發起（卻似乎被特朗普總統放棄了）。

中美兩個世界大國之間的對比乃至潛在競爭或許不可避免，然而這一競爭既可能導致消極的破壞性結局，也可能帶來積極的建設性成果。例如本書第7章提到，競爭已經讓中美兩國都生產出了更好更快的超級計算機。

只是必須慎重選擇競爭的目標。比如中美兩國為總人口數量展開競爭顯然毫無意義。事實上，中國即將在2030年代中期把

全球人口最多國家的地位讓給印度。而在GDP總量上，中國從2000年僅相當於美國的20%提升到了2017年的約三分之二。

世界第二大經濟體的持續快速增長令第一大經濟體不安。中國的GDP趕上美國或許只是個時間問題。憑藉更多的人口（14.2億相比於3.27億）和高出許多的年增長率（6%相對於3%），中國可能將在2030年代趕超美國。[1]

不過就人均GDP而言，中國仍遠遠落後，2017年僅為9,137美元，不及美國（59,518美元）的六分之一。筆者的預測顯示，中國的人均GDP最終接近美國的水平或許要等到21世紀末。

在核彈頭數量上，筆者相信美國的總量或許比中國領先至少一到兩個數量級，人均水平則更高。這不應該是中國願意加入的競爭。為發現癌症或老年癡呆症的有效療法而開展競賽，對兩個國家乃至全人類來説才都是值得奮鬥的。

經濟上的競爭已經帶來了諸多抱怨，例如指責人民幣匯率由於操縱而壓低，美國企業難以進入中國市場，中國的國有企業受到特殊待遇，以及中國政府的產業政策不妥等。圍繞技術支配地位的競爭也讓美國方面抱怨説，中國對知識產權保護不力，強制要求技術轉讓，以及在網上竊取商業和工業機密等。值得注意的是，以上這些抱怨本身與貿易或關稅都沒有多少直接聯繫。但此類抱怨的積累最終讓特朗普總統在2018年分三輪向總值達2,500億美元的來自中國的進口商品實施新關稅，發起了兩國之間的貿易戰。

市場進入與強制技術轉讓雖然有聯繫，其實屬於不同議題。

---

1　按照國際貨幣基金組織與世界銀行的説法，中國經濟以「購買力平價」計算已經是全球最大的經濟體。筆者並不認為登上GDP總量第一的位置有那麼重要。人均GDP才是反映相對實力的更為重要的指標，科技和軍事實力的重要性也遠遠超過GDP總量。

的確，中國經濟可以對國際貿易和外來直接投資更加開放，但與類似發展階段的日本和韓國相比，中國其實開放得多。例如許多外國汽車製造商在中國開辦了非常成功、盈利豐厚的合資企業，包括德國的寶馬和大眾，美國的通用和福特，以及日本的本田和豐田等。麥當勞和星巴克等快餐和咖啡店，沃爾瑪等零售店在中國遍地開花。外國的金融服務企業也在中國有較大市場。日本和韓國在類似發展階段時看不到上述情景。

中國的某些產業部門依然限制外國直接投資，主要目的是保護國內企業。但在40年的經濟改革後，很多中國企業已做大做強，繼續以扶持「幼稚產業」為理由提供保護變得不再合適。不過對外國所有權的限制在其他許多國家也並不罕見。例如美國不允許外國投資者在美國的航空公司中持有超過25%的股份，日本和韓國也不允許全外資所有的汽車製造企業，事實上這兩個國家的外國合資汽車製造企業都非常少。此外，對美國的外國投資可能需要美國外國投資委員會（Committee on Foreign Investment in the United States ，CFIUS）的審批，該機構有廣泛的裁量權。要讓中國在短期內對外國直接投資完全自由化或許也很難實現。未來的最佳做法，或許是單獨制定對外國直接投資的負面清單，清單之外的在互惠基礎上給與國民待遇。近期宣佈的新的大幅縮減的外國直接投資負面清單應該能發揮作用。

自2014年在北京、上海和廣州設立知識產權特別法庭以來，中國的知識產權保護已有長足進步。[2]中國對於知識產權侵權者已

---

2　這是中美交流基金會倡導（China-United States Exchange Foundation, 2013），並被中國政府採納的一項政策措施。事實上，中國商務部披露，2017年中國企業向美國企業支付了價值約300億美元的知識產權使用費（*Financial Times*, 16 July 2018, p. 4）。不過，其中一些付款可能表現為美國企業在愛爾蘭或荷蘭的分支機構收取的服務收入，而非美國企業自身的收入。

做出了有足夠程度的經濟處罰。個人或企業保護自己的核心知識和核心技術，這被視為一項基本的財產權利。古代中國顯然也是如此，師傅的核心技能不會傳給大多數徒弟，只有他們自己的直系男性後代能繼承。隨著中國人開始自主創新，他們自己會要求加強中國的知識產權保護。日本和中國台灣在各自的早期經濟發展階段對知識產權的保護同樣做得不夠，但隨著它們從知識產權的使用者和模仿者變成創造者，就開始積極推行知識產權保護。既然中國人正在逐步成為創新者和發明者，中國的知識產權保護也應該會逐漸改善。

技術競爭既有商業上的推動，也有國家安全的考慮。個人或企業都不希望放棄或出售自己的核心競爭力。各個國家、企業與個人都試圖保護自己的核心競爭力，這並不奇怪。例如，蘇聯是獨立開發出原子彈，沒有任何來自美國的幫助；中國也同樣，沒有依靠外國助力。法國獨立發展出自己的「打擊力量」，印度、巴基斯坦乃至朝鮮也都是獨立發展核力量。中國必須發展自己的先進半導體、人工智能和航空產業等，因為或許無法從其他國家進口最好的產品。

中國和美國是全球最大的兩個市場，因此大多數發現人和發明人都希望在這兩個國家做專利登記。雙方都應該給對方的國民在申請專利中提供便利。期待兩國相互承認對方授予的專利目前或許還不現實，但有可能做出安排，在一個國家的專利申請程序中，承認並接受在另一個國家提交的專利申請書面文件。這可以極大地加快專利申請程序。此外兩國政府可以共同考慮，在互惠基礎上降低已授予專利的續展費。

強制技術轉讓涉及中國方面對某些產業的外國直接投資者的要求，讓它們把中國企業作為對等的合資夥伴。例如，外國汽車

製造商在過去必須與中國企業成立合資公司，才能在中國開展汽車生產業務，並且在合資企業中的股份不能超過50%。像通用汽車這樣的企業或許不願意同潛在競爭對手分享商業秘密，這是完全可以理解的。可是合資公司中的技術分享是自願性質的，外國投資者必須權衡與本地合資夥伴開展合作的利弊。無論如何，在目前的製造工藝中採用的技術或許已經走向過時了，更有價值的是尚未投入應用的下一代技術，而外國直接投資者可以把這些技術繼續保留在本國的工廠和實驗室裡。

上述情況近來已有所改變。中國的很多產業已不再要求合資經營，對外國所有權的佔比限制也已提高。例如在汽車製造業，特斯拉公司已獲准在上海建立生產電動汽車的全資機構。德國汽車製造商寶馬公司（BMW）也被允許將其在瀋陽的合資企業（華晨寶馬汽車公司）中的股份從50%提高至75%，為此向中方合作夥伴華晨中國汽車控股公司支付約40億美元的對價。儘管通用汽車公司目前也可以買斷上海的合資企業夥伴的股權，但該公司已表示沒有這一意向。因此隨著中國政府在很多產業不再要求外國直接投資者建立合資企業，強制技術轉讓的議題基本上已經不重要了。此外，金融產業也已推出了重大的自由化措施，外國投資者可以在金融服務企業中擁有超過50%的股份，並在三年後可以開展獨資經營。

網絡竊密的問題則需要兩國政府的共同協作，解決方案應該是對雙方的犯罪人員提起嚴厲的訴訟。筆者認為，儘管自古以來政府支持的間諜活動就是所有強國之間的一種博弈，但當前由政府扶持的商業竊密事件應該很少發生。中國政府並不容忍對知識產權以及任何其他財物的盜竊，自身也未參與網絡竊密。這點從設立管轄全國的知識產權特別法庭，就能明確看出來。可是我們

不能排除私人或企業參與和支持的獨立人員從事的網絡竊密。對此直接了當的解決方案是讓受害人提供可靠的證據，對過錯方提出正式指控，要求中國政府協助開展調查。即便涉及國有企業，這類指控也應該堅持調查下去，找出違法者並提交起訴。

只要存在技術競爭和國家安全方面的顧慮，高技術產品及技術本身的貿易（包括高技術企業的跨境投資在內）就可能繼續面臨爭議。美國政府不鼓勵在美國使用華為公司的服務器和手機，中國政府認為採用美國的高技術產品風險過高，是出於同樣的國家安全的理由。有趣的是，包括蘋果手機在內的移動電話目前沒有被納入美國對中國出口商品徵收的新關稅的目錄。[3] 這一潛在的相互對峙可能導致兩國內部的隱蔽或公開的保護行為，被各自的國內壟斷廠商所利用。但同時也可能鼓勵和刺激本土技術開發。旨在提升產業價值鏈地位的「中國製造 2025」規劃，看起來愈發具有緊迫性和必要性。

民粹主義、孤立主義、民族主義和保護主義思潮在美國及世界各國泛起，同樣會給國際貿易和投資（及移民）帶來顯著影響。這些情緒不是特朗普總統所創造的，但被他極大地挖掘和利用。問題的根源在於，雖然經濟全球化（和創新）給世界各國都帶來了好處，中國和美國亦不例外，但每個國家內部的經濟收益並沒有被普遍分享，導致了不同的贏家和輸家。從原則上說，有足夠的整體收益可供分享，沒有人必然受損，可是自由市場本身無法也不會實現這一結果。所以在過去的二三十年甚至四十年裡，有些人被拋在後面，生活水平沒有得到改善。與此同時，每個國家的收入分配都變得更加不平等，部分原因是發達經濟體的各家中

---

3　iPhone 手機中的中國國內增加值或許不超過總價值的 5%。

央銀行造成的極低的利率。受損者認為政府和精英階層辜負了自己，急於嘗試其他出路，而且不計好壞。很容易把責任歸咎於全球化或者說外國人，變成孤立主義者和保護主義者。因此，安撫好本能和天然地反對經濟全球化與自由貿易的國內受損者，是每個國家的政府的責任。

## 什麼才是「公平」的貿易

什麼樣的貿易才是公平的？比較優勢理論表明，貿易夥伴國雙方在總體上都能從貿易中獲益，但並未說明貿易利益在兩國間會如何分配。收益分配的相對格局取決於各自的初始位置、比較優勢和相對的市場支配力。至於公平的程度，還沒有普遍接受的簡單指標或者標尺，依然是個主觀性的概念。

　　一種可能的「公平」概念是雙邊貿易差額為零，但這樣的概念沒有多大經濟意義。例如，這種概念要求沙特阿拉伯那樣的重要石油出口國同其他每個無論大小的國家都實現貿易平衡。另一種可能的概念是同全球的貿易差額為零，這看似非常公平，但實際上會剝奪美國通過為世界提供國際交易媒介而獲取鑄幣稅的機遇。美國對全球其他國家存在巨額貿易逆差，可以用美元或美元面值的債券來支付多餘的進口，而美元和債券都能夠較為隨意地印刷。世界大多數其他國家則願意持有美元和美國債券，作為官方外匯儲備的組成部分。事實上我們可以認為，如果美國不對全球維持貿易逆差，則不會有充裕的美元流動性（即國際貨幣）來支持全世界的國際交易。因此，美國供應廣泛接受的國際交易媒介，是給全世界提供了一項重要的有價值的服務。當然美國維持同全球其他國家的貿易逆差的能力，也可以被看成它的一種優勢，而非劣勢。其基本含義是，只要世界其他國家願意無限

度地持有美元和美國債券，美國就可以用幾乎無限的信用來買入貨品。

還有一種公平概念是，對所有貿易夥伴國應該同等對待，如收取同樣的價格，執行同樣的關稅和配額等，消除歧視性待遇。但在實踐中，由於存在各種形式的雙邊或多邊貿易協定，歧視性待遇基本上無處不在。

中國一直是經濟全球化的主要受益者。通過經濟開放與加入世界貿易組織，中國成長為世界第二大經濟體和第二大貿易國。超過八億中國人在過去四十年裡擺脫了貧困。如果中國沒有在1978年決定推行改革開放，這些都不會發生。美國或許認為中國的獲益遠超過自己，因此結果「不公平」。但部分中國人也感覺，由於中國對全球的許多出口商品其實是由外資或合資企業生產，其中很多還有美國公司的專利，把貿易順差的收益算在中國頭上也不公平。中國方面的另一個抱怨是，某些出口中的國內增加值含量太低，本書已做過討論。不管怎樣，要量化和比較每個國家從貿易中獲得的收益是很難的，尤其是因為各國感受到的收益和成本可能各不相同。即便可以測算，也沒有充分的經濟理由認為各貿易夥伴國的收益應該都相同，以及如何分配收益才算更為「公平」。

最後還應該認識到，市場本身不關注「公平」。有意向的買家和賣家之間以市場價格達成的任何自願的非脅迫交易，都可以並且應該看做「公平」交易。

還有，任何人抱有「我們不同於他們」這種情感，都是自然而本能的現象。大多數人認為所有的交易都是零和性質，即「他們拿得多，我們就拿得少，反過來也同樣」。因此對許多人來說，兩國之間的自願貿易是對雙方均有利的雙贏，這一事實出乎意料。不幸的是大多數人還需要一段時間，才能發現保護主義是雙輸的

建議。最終的解決方案必須依靠每個國家內部的某種形式的再分配，通過對贏家的稅收來補償輸家，實現所有人共贏。

特朗普總統也認為所有交易都是零和性質——某個國家的所得必然意味著另一個國家的損失。另外，他希望改變現有貿易收益在美國同夥伴國之間的分配格局。他認為，通過與每個國家的雙邊談判，並借助美國的市場規模和談判能力（包括所有國家必須用美元作為國際交易媒介這一現實），美國可以得到大為改善的貿易協議。特朗普總統希望改變美國同夥伴國之間的貿易分配格局，並以為這更適合在雙邊而非多邊背景下實現。[4]

## 新型大國關係

2013年6月10日，中國主席習近平在加利福尼亞州安納伯格莊園同奧巴馬總統的會晤中首次提出，以「新型大國關係」作為指引中美未來雙邊關係的新框架。其主要含義如下：

第一，中美兩國都應該維持同對方的密切對話，避免衝突或對抗。

第二，中美兩國都應該把對方作為對等夥伴並相互尊重，[5] 包括尊重彼此的核心利益和重大關切。

第三，中美兩國都應該致力於互利合作，發展雙贏的關係，促進共同的利益。

構建新型大國關係的建議可以理解為中國的「和平發展」（之前稱為「和平崛起」，由前任主席胡錦濤提出）政策的延續。其目

---

4　簡單地說，大國在國際市場上未必是價格的接受者。

5　美國評論人有時用「近乎對等」(near-peer) 的說法來描述中國的地位。但近乎對等不同於對等，不是完全平等的關係。

標是在中國繼續發展壯大的過程中，避免同美國的衝突或對抗，捲入冷戰或熱戰。

這種基於真正對等的互利、合作和尊重的友好關係，對於全世界和中美兩國都是全新的。為促進這種新型大國關係，需要對現有的中美關係做出調整，因為到目前為止，雙邊關係的構建並不是完全按照這一模式。美國在中國從中央計劃經濟向市場經濟（有中國特色的）轉軌的過程中提供了指引，充當了經濟發展的模板。美國自20世紀早期以來一直是世界大國，被所有國家承認。中國雖然自聯合國成立以來就位列安理會五個常任理事國之一，卻只是在最近才成為主要的角色。新型大國關係意味著中美兩國對彼此的禮遇和尊重不僅是出於友好關係，還應作為對等的強國。

當中國剛啟動改革開放時，對幾乎所有類型的外國直接投資流入都非常歡迎。創造外匯是當時所有地方官員的主要任務之一，他們的個人工作業績取決於各自創造的實際GDP、就業以及外匯的數量。在一段時間，外國直接投資流入佔中國經濟的國內固定投資總額的近20%。當時所有來訪的重要外國商人都得到中央和地方政府官員的隆重接待，因為他們被視為潛在的直接投資者。從1978年啟動改革開放到距今10至15年之前，若干美國大公司的董事長或首席執行官，會在北京慣例式地受到中共中央總書記或政府總理的親自接見，其中包括美國國際集團（AIG）、大通曼哈頓銀行（Chase Manhattan Bank）、通用汽車公司（General Motors）、匯豐銀行（HSBC）和IBM公司等。而隨著中國經濟的繁榮，GDP總量和人均GDP提升，國內製造業的規模和水平進步，貿易順差和外匯儲備增長，外國直接投資流入的重要性逐漸下降。2017年，外國直接投資在中國的國內固定投資總額中的佔比下降到1.4%之下，中國的官方外匯儲備超過3萬億美元，為全

球之冠。無論從宏觀經濟或國際收支的角度看，外國直接投資已不具有重要性，但仍應該受到歡迎，因為它能帶來中國所欠缺的技術、新商業模式和市場進入機遇。[6]中國已逐步從世界工廠轉變為世界市場，越來越多的直接投資者希望把產品留在中國銷售，而非用於出口。

如今的外國公司高管很少能見到中國的高層領導人。不光是美國的企業巨頭，所有外國（包括港澳台地區）的企業也如此。這反映著中國的關注點的轉移，以及中國政府與外國直接投資者的相互談判地位的變化，中方能夠比以前更為強硬。1978年人均實際GDP只有383美元的中國，願意給出的條件顯然與人均實際GDP達到9,137美元（2017年價格）時大不相同。雙方出現某些態度和行為的變化應該是合理的。這不僅是在企業之間的談判中，也適用於政府之間的磋商。

此外，中美雙方實際上都不知道該如何以對等夥伴來面對另一個國家，它們都缺乏把友好國家當做真正的對等夥伴的經驗。中國在歷史上要麼把其他所有國家都視作藩屬，尤其是在富強時期，要麼對更強大的外國低頭，例如在1840–1949年受制於西方國家，從19世紀末到抗日戰爭受日本欺壓。美國在19世紀基本上沒有捲入世界舞台，只是宣佈和推行了門羅主義（Monroe Doctrine），有效防止了歐洲國家繼續在西半球推行殖民化。美國顯然在南北美洲都沒有對等夥伴。而在兩次世界大戰中，美國成了英國、法國及其他西歐國家的拯救者，對德國、意大利和日本則是戰勝國，並一度成為佔領者。美國是北約組織的支柱，在1945–1989年保護西歐免受蘇聯的威脅，以及對抗之後的俄羅

---

6　真相在於，中國經濟中有大量的剩餘儲蓄。要想在中國取得成功，外國直接投資者必須能夠帶來比資本更多的東西。

斯。美國還在日本和韓國駐軍，協助提供防衛，包括核保護傘。
美國把所有這些國家視作友邦，但從根本上並不將任何一個作為
對等夥伴。它們可以結為盟友，但並非對等的夥伴。過去的蘇聯
倒是被美國當成同級別的對手，但它們並不友好，而是敵對狀態。

　　中國和美國也都認為各自具有特殊性，世界其他國家都適用
的傳統規則對它們並不合適。美國於1971年單方面撤出各國之間
的固定匯率布雷頓森林體系就是這樣的例子。美國經常拖欠聯合
國的會費，有次甚至長達20年。近來，美國在撤出伊朗核問題協
議後，威脅對繼續同伊朗開展貿易的外國公司施加制裁，則是新
的案例。[7]中國則拒絕接受2016年國際仲裁法庭對南海問題的裁
決，依據是「該法庭的大量錯誤使其裁決無效」。[8]然而在未來，
中美雙方都必須學習將彼此作為平等的夥伴，尊重和接受雙方的
不同。特別是，它們必須尊重各自的核心利益，接受彼此有自己
的特殊性。例如，實現台灣的統一是中國復興的中心任務，鼓勵
台灣獨立的任何行動必然觸及中國的紅線。類似的是，拉丁美洲
將依然是美國獨享的後院。中國還希望在政治和社會制度上沿著
自己的道路前進，不給其他國家造成任何傷害，但也希望這一權
利能得到尊重。

　　然而正如前文的各章所分析的那樣，在很長時間裡，中國和
美國在許多方面並不旗鼓相當。雖然中國的實際GDP總量可能在
15年左右超過美國，人均實際GDP至少在21世紀末以前仍會落
後。中國在科技領域會繼續落後美國至少20年，軍事實力將足以
形成遏制，但在很長時間裡並不能威脅到美國。即便雙方不是真
正對等，中國也希望能夠以平等的朋友和夥伴的禮遇得到對待。

---

7　　與朝鮮不同，伊朗並沒有受到聯合國的制裁。

8　　參閱：Chinese Society of International Law, 2018。

或許在未來，中國將真正以對等地位受到美國的平等對待，但目前要把中國和美國說成兩國集團（G2）還為時尚早。

中美兩國並非註定要成為仇敵，中國並沒有任何統治世界的企圖。憑藉龐大的人口，中國的實際GDP最終超越美國不可避免。但僅此不能成為爆發戰爭的理由。中美兩國在未來是成為朋友還是對手取決於雙方的意願，這些意願是可以自我實現的。如果雙方都認為可以成為朋友，並相向而行，則可以結成友誼。如果雙方都認為將成為敵手，並就此行動，則會轉為仇敵。因此中美兩國的領導人必須慎重處理各自的意願，構建民眾之間的友誼與互信。

哈佛大學肯尼迪學院的艾利森（Graham Allison）教授撰寫過中美戰爭不可避免的分析。[9] 隨著新崛起的強國挑戰老牌強國的統治地位，後者可能以武力做出回應。他把這種不可避免稱作「修昔底德陷阱」（Thucydides Trap）——源自修昔底德的《古希臘伯羅奔尼撒戰爭史》（*History of the Peloponnesian War*）。然而中美之間的戰爭遠非不可避免。這是因為，那樣的戰爭不但可能摧毀中國，也會讓美國的一到兩個主要城市及大量居民面臨滅頂之災，不會有真正的贏家，而是完全瘋狂的行為。美國顯然有更強的軍事實力，有能力發動第一波打擊。因此中國必須隨時維持最低水平的威懾力量，以阻嚇那樣的惡意襲擊。當然更為重要和有效的做法，則是加深彼此之間的經濟依存，讓戰爭變成完全不可想像的選擇。

---

9　參閱：Graham T. Allison, 2015。

# 第10章

# 未來之路

作為全書的收束，本章將做一個簡要總結。首先，通過在國內創造的GDP和就業機會，出口為一個經濟體做出貢獻。收益的大小取決於出口產生的國內增加值（利潤和薪資），而非出口的總價值。因此在比較兩個國家雙邊貿易給各自帶來的相對收益時，應著眼於出口創造的全部增加值（GDP），而不是出口總值。[1] 在本書第3章，筆者對美中貿易逆差做了重新估計，表明以全部增加值（或GDP）計算，2017年的逆差不過1,110億美元，與經常提及的按照出口總值計算的3,760億美元相去甚遠。以全部增加值計算的美國對華出口擴大1,110億美元是完全可以做到的，由於現有和潛在的美國出口中的國內增加值佔比較高，換算為出口總值僅相當於1,250億美元。

其次，本書第4章說明，2018年中美貿易戰的實際影響最多將導致中國的GDP下降1.12%（假定有一半的中國對美出口商品因為美方的新關稅而陷入停滯）。這對年均增長率高達6.5%的中

---

1 蘋果手機就是這樣的案例，作為中國的出口商品，其總價值很高，但國內增加值含量極低，據估計僅有4%左右。

國而言，是相對溫和與可控的。貿易戰對美國經濟的實際影響就更弱，可能最多導致其GDP下降0.30%，而美國的長期年均增速接近3%。貿易戰確實對中國的股市與人民幣匯率具有負面心理影響，但這些效應可能是暫時的。

第三，本書還分析了貿易戰的背景——中美兩國之間的潛在經濟和技術競爭，以及民粹主義、孤立主義、民族主義和保護主義思潮在全球(尤其是美國)的泛起。中美兩國為全球最大經濟體地位的暗中角力，以及在21世紀的核心技術上的競賽或許不可避免。可筆者的分析表明，即便中國的實際GDP總量可望在2030年代的某個時候超過美國，其人均GDP依然遠在美國之後，只有到21世紀末才可能趕上。另外，在科技發展和創新能力方面，中國要趕上美國的總體水平至少還需要二三十年時間。面對兩個國家的排外情緒，雙方的政府有責任不僅靠言辭、而且用行動來證明：通過深化和密切國際經濟合作，尤其是長期的多邊經濟合作，每個國家都能得到足夠大的好處，讓所有人獲益。

第四，本書第8章指出，中美之間的經濟合作可以給兩國帶來雙贏。鑒於這兩個國家的高度經濟互補，通過相互貿易和投資，更充分地利用雙方的資源——例如美國的能源、土地和水資源，中國的人力資源和儲蓄——兩國都將獲得顯著收益。此外，如果兩國聯手工作，完全可以在五年之內基本實現長期的商品和服務貿易平衡。筆者還提出了縮小美中貿易逆差的一條具體路徑，能給雙方產生明顯收益，並給世界其他國家帶來積極的溢出效應，值得兩國認真考慮。進一步說，通過開展加深兩國間長期經濟依存度的項目，雙方的互信將得到提高，爆發潛在衝突的概率會顯著下降。

無論是否友好，中美之間的競爭都應該理解為正在進展的長期現象，將為成為「新常態」。貿易爭端不過是兩國的潛在競爭的

表像之一。這種競爭轉化為意識形態之爭也存在可能。然而,中國應該並不希望去改變美國的制度模式,美國也不太可能讓中國轉變為自己的制度模式。中國的民眾或許永遠都不會變得像美國人那樣個人主義。由於文化、歷史和路徑依賴等原因,民主在中國或許會以有別於美國的方式演化,採取不同的形式。兩個國家都應該也能夠做的,是學會接受和適應彼此的特殊性以及例外主義感受。

中國對公有企業的看法比美國更積極,中國的國有企業不太可能很快消失。兩國的私有企業應該關注的不是中國國有企業的所有制改革或私有化,而是彼此給與國民待遇(涉及國家安全的可以例外)。國民待遇意味著在中國經營的美國企業應該與中國企業一視同仁,在美國經營的中國企業也同樣。僅僅因為某家企業是國有的,並不代表政府應該對該企業的全部行為負責。政府只是作為股東之一,不能隨意指責股東,讓他們對其投資的企業的行為負責。正如對優步公司的經營活動,能夠也應該負責的是董事會和高管人員,而不是讓股東們來承擔責任。

除中美之間外,全球似乎到處在爆發貿易戰:美國、加拿大與墨西哥之間(表面上已經解決),美國與歐盟之間,美國與日本之間等等。很難預測這些貿易戰的結局如何。中國與世界其他地區(也許美國除外)或許會在相互之間繼續堅持世界貿易組織框架下現行的多邊貿易體制,它們畢竟都得到了改善,並將繼續從中獲益。

當前其實是中國對國際貿易和投資(包括流入和流出)堅持推動開放的大好時機。例如,中國可以單方面對不存在貿易戰的所有其他國家下調汽車等商品的進口關稅,可以在互惠基礎上對所有國家的貿易和往來投資提供或接受優惠。應該認識到,國際貿易和跨境直接投資總是共贏的,國內和國際的競爭能提高效率、

促進創新，因此在國際經濟關係中應該盡可能地擴大包容性。當然中美關係還涉及經濟之外的其他議題，必須有賴於兩國未來的領導人的慎重處理。

＊　＊　＊　＊　＊

筆者是在二戰快結束時生於中國，在香港成長，於1961年到美國上大學。自1966年起，我在史丹福大學作為經濟學家開始執教生涯。2004年，我返回香港，出任香港中文大學校長一職。

　　成年之後，我首次訪問中國大陸是在1979年，彼時的中國剛做出改革開放的決定。我是作為美國經濟學會（American Economic Association）代表團的成員，率團人是已故的諾貝爾經濟學獎得主勞倫斯‧克萊因（Lawrence R. Klein）教授。在代表團訪問快結束時，有人邀請我們對中國的經濟增長率做個預測。利用自己構建的簡單供給側計量模型，我給出了8%的預測，是同行者中最高的。結果表明，中國經濟在過去40年裡的年均增長率接近10%。自那次訪問後，我開始參與為中國經濟政策決策者提供建議的工作。

　　今年是中國改革開放40周年，這是成就輝煌的40年。中國的成功應該充分感謝許多美國人在多年中給與的建議和幫助。例如，克萊因教授曾以1美元的年薪為中國的國家計委擔任顧問；另一位諾貝爾經濟學獎得主斯蒂格利茨（Joseph E. Stiglitz）教授一直頻繁訪問中國，並給高層領導人提供建議。

　　中國和美國並非註定將成為敵人，它們可以既是戰略競爭對手，同時又作為合作夥伴。世界足夠廣闊，可以容納雙方的持續增長與繁榮，並為兩國的共同利益乃至全球的福利而相互合作。

為了雙方以及全人類的共同利益，中國和美國將找到再次攜手合作的途徑，我對此很樂觀，也充滿希望。

# 參考文獻

## 英文文獻

Allison, Graham T. "The Thucydides Trap: Are the U.S. and China Headed for War?." *The Atlantic*, 24 September 2015.

Chen, Xikang, Leonard K. Cheng, K. C. Fung and Lawrence J. Lau. "The Estimation of Domestic Value-Added and Employment Induced by Exports: An Application to Chinese Exports to the United States." In Yin-Wong Cheung and Kar-Yiu Wong, eds., *China and Asia: Economic and Financial Interactions*. Oxon: Routledge, 2009, pp. 64–82.

Chen, Xikang, Leonard K. Cheng, K. C. Fung, Lawrence J. Lau, Yun-Wing Sung, Kunfu Zhu, Cuihong Yang, Jiansuo Pei and Yuwen Duan. "Domestic Value Added and Employment Generated by Chinese Exports: A Quantitative Estimation." *China Economic Review*, Vol. 23 (April 2012), pp. 850–864.

Chen, Xikang, Lawrence J. Lau, Junjie Tang and Yanyan Xiong. "New and Revised Estimates of the China-U.S. Trade Balance." Working Paper, Lau Chor Tak Institute of Global Economics and Finance, The Chinese University of Hong Kong, November 2018.

China–United States Exchange Foundation. *U.S.-China in 2022: U.S.-China Economic Relations in the Next Ten Years—Towards Deeper Engagement and Mutual Benefit*. Hong Kong: China–United States Exchange Foundation, 2013.

Chinese Society of International Law. *Chinese Journal of International Law, Special Issue: The South China Sea Arbitration Awards: A Critical Study*, Vol. 17, No. 2 (1 June 2018), pp. 207–748. https://doi.org/10.1093/ chinesejil/jmy012.

Fung, Kwok-Chiu and Lawrence J. Lau. "The China-U.S. Bilateral Trade Balance: How Big Is It Really?" Working Paper, Asia/Pacific Research Center, Stanford University, March 1996.

———. "The China–United States Bilateral Trade Balance: How Big Is It Really?" *Pacific Economic Review*, Vol. 3, No. 1 (February 1998), pp. 33–47.

———. "New Estimates of the United States–China Bilateral Trade Balances." *Journal of the Japanese and International Economies*, Vol. 15, No. 1 (March 2001), pp. 102–130.

Fung, Kwok-Chiu, Lawrence J. Lau and Yanyan Xiong. "Adjusted Estimates of United States–China Bilateral Trade Balances: An Update." *Pacific Economic Review* 11, no. 3 (October 2006), pp. 299–314.

Krugman, Paul. "Increasing Returns, Monopolistic Competition and International Trade." *Journal of International Economics*, November 1979, pp. 469–479.

Kynge, James. "China's Climb to Tech Supremacy is Unstoppable." *Financial Times*, 24 August 2018.

Lampton, David M. "A New Type of Major-Power Relationship: Seeking a Durable Foundation for U.S.-China Ties." *Asia Policy* 16 (July 2013), pp. 51–68.

Lau, Lawrence J. "The Use of Purchasing-Power-Parity Exchange Rates in Economic Modeling." Working Paper, Department of Economics, The Chinese University of Hong Kong, 2007.

———. "A Better Alternative to a Trade War." *China and the World: Ancient and Modern Silk Road* 1, No. 2 (June 2018), pp. 1850014-1–1850014-13.

———. "China's Economic Transition and Outward Direct Investments." In Xuedong Ding and Chen Meng, eds., *From World Factory to Global Investor: A Multi-Perspective Analysis on China's Outward Direct Investment*, London: Taylor and Francis Group / Routledge, 2018, pp. 37–45.

———. "The Chinese Economy in the New Era." Working Paper No. 69, Lau Chor Tak Institute of Global Economics and Finance, The Chinese University of Hong Kong, 2018.

———. "The Sky Is Not Falling! (III)." Working Paper No. 70, Lau Chor Tak Institute of Global Economics and Finance, The Chinese University of Hong Kong, 2018.

———. "What Makes China Grow?" In Peter Pauly, ed., *Global Economic Modeling*. Singapore: World Scientific Publishing Company, 2018, pp. 182–233.

———. "The Great Transformation—East." *Financial and Economic Review: The Lamfalussy Lectures Conference Logbook 2018*, Vol. 17, No. 2, Budapest: Magyar Nemzeti Bank (Central Bank of Hungary), forthcoming (a).

———. "The Sources of Chinese Economic Growth Since 1978." In Martin Guzman, ed., *Towards a Just Society: Joseph Stiglitz and 21ˢᵗ Century Economics*. New York: Columbia University Press, forthcoming (b).

Lau, Lawrence J., Xikang Chen and Yanyan Xiong. "Adjusted China-U.S. Trade Balance." Working Paper No. 54, Lau Chor Tak Institute of Global Economics and Finance, The Chinese University of Hong Kong, March 2017.

Lau, Lawrence J., Xikang Chen, Cuihong Yang, Leonard K. Cheng, Kwok-Chiu Fung, Yun-Wing Sung, Kunfu Zhu, Jiansuo Pei and Zhipeng Tang. "Input-Occupancy-Output Models of the Non-Competitive Type and Their Application—An Examination of the China-U.S. Trade Surplus." *Social Sciences in China*, Vol. 31, No. 1 (February 2010), pp. 35–54.

Lau, Lawrence J., Yingyi Qian and Gerard Roland. "Reform without Losers: An Interpretation of China's Dual-Track Approach to Transition." *The Journal of Political Economy*, Vol. 108, No. 1 (February 2000), pp. 120–143.

Lau, Lawrence J. and Junjie Tang. "The Impact of U.S. Imports from China on U.S. Consumer Prices and Expenditures." Working Paper No. 66, Lau Chor Tak Institute of Global Economics and Finance, The Chinese University of Hong Kong, April 2018.

Lau, Lawrence J. and Yanyan Xiong. "Are There Laws of Innovation?: Part I, Introduction." Working Paper, Lau Chor Tak Institute of Global Economics and Finance, The Chinese University of Hong Kong, July 2018.

Lau, Lawrence J., Yongjun Zhang and Shaojun Zeng. "Evolving Economic Complementarity between the U.S. and China." In China–United States Exchange Foundation, *U.S.-China in 2022: U.S.-China Economic Relations in the Next Ten Years—Towards Deeper Engagement and Mutual Benefit*, Chapter 2, Hong Kong: China–United States Exchange Foundation, 2013, pp. 73–85.

Li, Cheng. *Chinese Politics in the Xi Jinping Era: Reassessing Collective Leadership*. Washington, D.C.: The Brookings Institution, 2016.

Maddison, Angus. *Phases of Capitalist Development*. Oxford: Oxford University Press, 1982.

———. *The World Economy: Vol. 1: A Millennial Perspective and Vol. 2: Historical Statistics*. Paris: Development Centre of the Organisation for Economic Co-operation and Development, 2006.

Neumann, Manfred J. M. "Seigniorage in the United States: How Much Does the U.S. Government Make from Money Production?" *Federal Reserve Bank of St. Louis Review*, March/April 1992, pp. 29–40. https://doi.org/10.20955/r.74.29-40.

Reif, L. Rafael. "China's Challenge is America's Opportunity." *The New York Times*, 8 August 2018.

Sevastopulo, Demetri and Tom Mitchell. "U.S. Considered Ban on Student Visas for Chinese Nationals." *Financial Times*, 2 October 2018.

United States Department of State. *United States Relations with China: With Special Reference to the Period 1944–1949*. Washington, D.C.: U.S. Government Printing Office, 1949.

## 中文文獻

陳錫康、王會娟:《投入佔用產出技術》(北京:科學出版社,2016)。

劉遵義、陳錫康、楊翠紅、鄭國漢、馮國釗、宋恩榮、祝坤福、裴建
　　鎖、唐志鵬:〈非競爭型投入佔用產出模型及其應用——中美貿
　　易順差透視〉,《中國社會科學》2007年第5期,第91-103頁。